指尖上的效率，

Excel 快捷键手册

·林书明 李欣 著·

U0281288

电子工业出版社·
Publishing House of Electronics Industry
北京·BEIJING

内 容 简 介

这是一本 Excel 快捷键手册，也是一本 Excel 技巧学习资料。单纯的快捷键列表不会让你收获更多，带有生动案例的讲解才能让你获得 Excel 知识和技能的双丰收！让我们透过 Excel 快捷键探索那些也许你还不知道的秘密吧！

未经许可，不得以任何方式复制或抄袭本书之部分或全部内容。
版权所有，侵权必究。

图书在版编目（CIP）数据

指尖上的效率，Excel 快捷键手册 / 林书明，李欣著 . —北京：电子工业出版社，2018.2

ISBN 978-7-121-33364-4

Ⅰ . ①指… Ⅱ . ①林… ②李… Ⅲ . ①表处理软件－手册 Ⅳ . ① TP391.13-62

中国版本图书馆 CIP 数据核字 (2017) 第 321948 号

策划编辑：张慧敏
责任编辑：牛　勇
印　　刷：北京捷迅佳彩印刷有限公司
装　　订：北京捷迅佳彩印刷有限公司
出版发行：电子工业出版社
　　　　　北京市海淀区万寿路173信箱　邮编：100036
开　　本：787×1092　1/32　印张：6.5　字数：130千字　插页：1
版　　次：2018年2月第1版
印　　次：2025年3月第19次印刷
定　　价：29.00元

凡所购买电子工业出版社图书有缺损问题，请向购买书店调换。若书店售缺，请与本社发行部联系，联系及邮购电话：(010) 88254888，88258888。

质量投诉请发邮件至 zlts@phei.com.cn，盗版侵权举报请发邮件至 dbqq@phei.com.cn。

本书咨询联系方式：010-51260888-819 faq@phei.com.cn。

前　言

　　本书上一版《Excel快捷键手册（双色）》上市后很快售罄，其后由于作者忙于各种琐事，一直没腾出时间对其进行修正和补充，现在终于完成了这个任务。

　　作者在本书中除将内文图片全部换成了最新版本的Excel操作界面外，还对内容进行了全面的修订和补充，增加了"Excel鼠标快捷操作"这一章，让本书变得更加全面和充实。

　　记得作者初入职场时，知道的第一个和Excel相关的快捷键是Ctrl+F，在此前的短暂时间里，作为职场菜鸟，我在Excel中查找数据时还靠肉眼搜索，效率之低，可想而知。作者由此得到启发，对Excel快捷键进行了深入的研究后发现，在Excel环境下，计算机键盘上的每一个按键都充满了秘密！本书将为您一一解密！

　　这本书不是简单的Excel快捷键罗列清单，它是一本生动的Excel进阶技能学习资料。对一本书来说，如果只有单纯的快捷键列表是不会让你有太多的收获的（记住，很多 Excel 快捷键的使用都是有上下文要求的），带有鲜活的案例讲解才能让你获得知识和技能的双丰收！

大概没有人会否认，熟练使用一些 Excel 的常用快捷键将会显著地提升个人工作效率，有些操作甚至可以说是一骑绝尘！职场就是江湖，要想在职场中迅速站稳脚跟，真的没有理由不掌握这门"E 林绝技"！练就 Excel 操作"无影手"，想想都令人觉得兴奋。这本小小的手册就是"表亲"的案头必备！

本书是基于 Windows 电脑下的 Excel 来编写的（台式机和笔记本电脑），不适用于苹果电脑 Mac OS 操作系统下的 Excel（但仍具有参考价值）。

祝大家学习愉快！

读者服务

轻松注册成为博文视点社区用户（www.broadview.com.cn），扫码直达本书页面。

- 提交勘误：您对书中内容的修改意见可在 *提交勘误* 处提交，若被采纳，将获赠博文视点社区积分（在您购买电子书时，积分可用来抵扣相应金额）。

- 交流互动：在页面下方 *读者评论* 处留下您的疑问或观点，与我们和其他读者一同学习交流。

页面入口：http://www.broadview.com.cn/33364

目 录

第 11 章 其他快捷键 / 124

第 12 章 Windows 键（WIN 键）/ 143

第1章

认识快捷键

在 Office 里，有一种功夫，它不需要任何额外的装备，并且人人皆可练得；这种功夫，一旦你熟练地掌握了它，就能指掌翻飞于键盘之上，操作各种软件于无形之中，让工作效率倍增……这种神奇的功夫就是——快捷键。

提到快捷键，笔者必须推出两位代言人：Ctrl+C 和 Ctrl+V。接触过计算机的人，几乎没有人不知道 Ctrl+C 和 Ctrl+V 这对"情侣键"。之所以称它们为"情侣键"，是因为它们两个总是成对使用，其作用分别是"复制"和"粘贴"，这对"情侣键"是无人不知，无人不晓，大名鼎鼎，人见人爱。用它们作为快捷键的代言人，真是再合适不过了！

快捷键又被称为"热键"，指通过某些特定的按键、按键顺序或者按键组合来完成一个特定的计算机操作。除了非常熟悉的 Ctrl+C（复制）和 Ctrl+V（粘贴）这对知名的快捷键，在计算机操作中，还有很多功能各异的快捷键。比如，在 Excel 中，按下 F1 键会弹出 Excel 的帮助窗口，这里的 F1 键就是 Excel 软件的快捷键之一。

需要说明的是，大部分快捷键并不只是对应着计算机键盘上的"单一"按键，而有可能对应着由几个按键组成的一个计算机按键组合（但一般不超过 3 个键）。并且，大多数快捷键通常与计算机上的 Ctrl、Shift、Alt、Fn 键或者 Windows 操作系统下键盘上的 Windows 键（就是上面有一个 Windows 标志的那个按键）等配合使用。

例如常用的 Windows 操作系统中的 Ctrl+Alt+Esc 这个快捷键组合，它就是由 Ctrl、Alt 和 Esc 这 3 个键构成的"组合快捷键"，它的功能是弹出"Windows 任务管理器"对话框，对于我们来说，最熟悉的应用就是在 Excel 停止响应时，使用该快捷键调出 Windows 任务管理器对话框，然后选中停止响应的 Excel 程序，在鼠标右键菜单中选择"结束任务"

来"杀死"计算机内存中的 Excel 程序（见下图）。

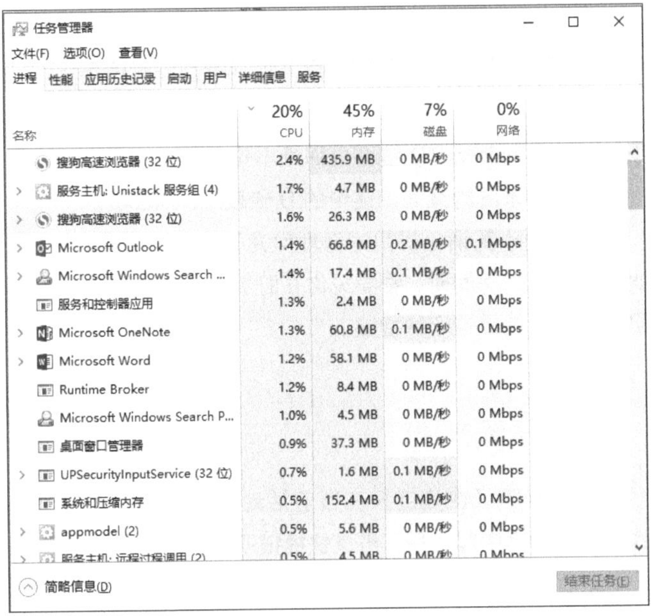

这里还需要了解的是，在计算机中，一些快捷键在不同的软件中是通用的，比如 Ctrl+C 和 Ctrl+V，几乎在所有的计算机应用软件中都能使用；而有些快捷键只能在某些特定的软件中才起作用 。比如，在 Excel 中，按 Ctrl+1 键可以调出"设置单元格格式"对话框，但在 Word 中却看不到任何效果。因此，快捷键根据其作用范围，可以分为 3 种类别："操作系统级"快捷键、"应用程序级"快捷键和"控件级"快捷键。

操作系统级快捷键

操作系统级快捷键可以全局响应，即不论当前鼠标的焦点在哪里、正在运行什么程序，按下时都能起作用。

比如按 PrtScn 键可以复制当前计算机屏幕上所显示的图像；按 Windows +D 键会立即最小化当前正在使用的软件并弹出操作系统的桌面，这里的 D 代表"Desktop"。

有一个小笑话：妈妈好奇地问儿子，"孩子，为什么妈妈每次进你的房间时，都看见你在盯着电脑的桌面啊？"这里儿子用的就是这个快捷键。

应用程序级快捷键

应用程序级快捷键只在当前活动的（也就是正在使用的）应用程序中起作用，当该快捷键所对应的应用程序不处于活动状态或在后台运行时，该快捷键就无效了。

比如在 Excel 中，按 Ctrl+9 键会立即隐藏当前选中的行，而在 Word 或者其他程序中，这个快捷键就不起任何作用了。

控件级快捷键

这种类型的快捷键只在某些"控件"中起作用。所谓控件，通俗地讲，就是在 Excel 等软件上用于"和用户交互"的各种按钮、选项或对话框等。

控件级快捷键只在"当前控件"上起作用。比如在如下图所示的 Excel 的"数据验证"对话框中，当按 Tab 键把选择的焦点转移到第一个检查框时，按下空格键可以"勾选"该检查框，再按一次空格键会取消勾选；而当光标的焦点位于下拉框时，按下空格键则会"展开"下拉框。

空格键的这种"勾选检查框"和"展开下拉框"的功能只能在"控件"中起作用。离开控件，空格键的这种功能便不复存在。

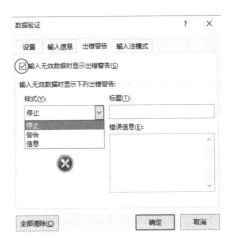

本书主要讲解"应用程序级"的快捷键和"控件级"快捷键，这里所讲的"应用程序"当然是指 Excel。而这里所说的控件，也是指 Excel 软件中的各种对话框控件。本书的目的是让读者掌握绝大多数 Excel 快捷键的功能和应用场景，让读者在循序渐进中提升自己的工作效率。

快捷键与工作效率

　　微软把自家的 Office 软件称为"生产力套件"，那么 Excel 无疑在这个"生产力套件"中扮演着重要的角色。如果天天和 Excel 打交道，要想提高"个人的生产力"，熟练掌握一些快捷键是必要的。

　　很明显，快捷键能够减少双手在键盘和鼠标之间的切换次数，并能避免用鼠标一层层查找 Excel 菜单的烦琐操作。可千万别小看每一次使用快捷键所节省的几秒钟的时间，如果你天天和计算机打交道并以其作为谋生工具，每天可能会进行成千上万次的计算机操作，如果能充分、有效地使用快捷键，所节省出来的时间是非常可观的。

　　除此之外，熟练使用计算机快捷键还能提升计算机操作的连贯性，让你在操作软件时有一气呵成的畅快感。

　　那要如何用 Excel 快捷键提高工作效率呢？下面还是用一个简单的案例来说明。

　　假设有如下图所示的含有 10000（也许会更多）行数据的工作表，现在需要对该数据表格做如下格式设置。

　　（1）选中整个数据区域并添加表格线。

　　（2）设置表头（第一行）中的文字为粗体，并设置表头的背景为淡蓝色。

　　（3）把 D 列中错误显示为整数的日期设置成正常的日期格式。

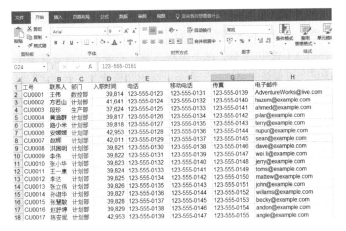

如果你不使用或者不会使用 Excel 快捷键，可能会按照以下步骤来操作。

（1）选中 A1 单元格，向右拖曳鼠标选中第一行数据，保持鼠标左键处于被按下的状态，向下拖曳鼠标，一直向下、向下、再向下……直到把 10000 行数据全部选中，这个过程大约需要 40 秒。

（2）单击鼠标右键，在弹出的鼠标右键菜单中选择"设置单元格格式"选项。此时弹出"设置单元格格式"对话框，选择"边框"标签，再选择"外边框"和"内部"边框按钮，这个过程大约需要 5 秒。

（3）再次选中 A1 单元格，向右拖曳鼠标选中第一行数据，在 Excel 界面中依次单击"开始 → 字体 → 粗体"命令设置表头字体为粗体，这个过程大约需要 3 秒。

（4）接着选中"填充颜色"按钮，设置填充颜色为淡蓝色，这个过程大约需要 2 秒。

（5）选中 D 列，单击鼠标右键，在弹出的快捷菜单中选择"设置单元格格式"命令。弹出"设置单元格格式"对话框，选择"数字"标签，在该标签下，选择"类别"列表框中的"日期"选项，把数字变成日期，然后单击"确认"按钮关闭对话框，这个过程大约需要 3 秒。

按照上面的操作步骤，完成任务总共用时 40+5+3+2+3=53 秒，需要花费将近一分钟的时间！

如果使用 Excel 快捷键完成同样的任务，可以按照如下方法操作。

（1）将光标置于数据区域，按 Ctrl+A 键一次性选中整个数据区域，这个过程大约需要 2 秒。

（2）按下 Ctrl+1 键弹出"设置单元格格式"对话框，选择"边框"标签，单击"外边框"和"内部"边框按钮设置选中区域的边框，这个过程大约需要 3 秒。

（3）再次选中 A1 单元格，按 Ctrl+Shift+→ 键，快速选中第一行含有数据的全部单元格，这个过程大约需要 3 秒。

（4）按 Ctrl+B 键，设置表头字体为粗体，这个过程大约需要 1 秒。

（5）在 Excel 界面中依次单击"开始→字体→填充颜色"命令设置表头背景为淡蓝色，这个过程大约需要 2 秒。

（6）选择 D 列，按 Ctrl+Shift+# 键，把 D 列中的内容

设置为日期格式，这个过程大约需要 2 秒。

使用快捷键完成这个任务总共用时 2+3+3+1+2+2=13
秒。

通过对比以上两种方法，可以发现使用 Excel 快捷键后，
完成任务所用的时间显著减少，从原来的 53 秒减少到了 13
秒。在日常工作中，每天可能会遇到成百上千次类似的操作，
如果掌握了常用的快捷键，一定能更快地完成工作！

有人说，从某种意义上讲，职场也是一种江湖，要在
江湖上混得开，需要掌握"十八般武艺"。掌握了 Excel 快
捷键，就类似于学会了江湖上的"无影手"绝招，能显著地
提高自己的工作效率，能人之所不能。

你学的不仅仅是快捷键

在 Excel 中有上百个快捷键，虽然 Excel 快捷键的好处
多多，但作为 Excel 的普通用户，当众多的快捷键一下扑面
而来时，可能会为如何记忆和掌握它们而犯愁。其实完全不
必花大量的时间机械地记忆这些快捷键，本书会为绝大多
数的 Excel 快捷键附加一个实战应用场景，让读者在实际情
景中学习，在学习 Excel 快捷键的同时掌握一些非常实用的
Excel 使用技巧。

为了让读者毫无压力地、轻松地阅读本书，作者建议
读者使用以下方法学习快捷键。

（1）首先浏览一下 Excel 快捷键列表，重点熟悉一下那些使用频率比较高的快捷键，这里面会包含你非常熟悉和不那么熟悉的快捷键，对于那些有点熟悉的快捷键，可以复习它们，加强记忆；而新接触的快捷键可以先混个"脸熟"，了解它们的功用，在这个过程中，你会时而发出感叹："我天天在使用的 Excel 原来还可以这样操作！"

（2）在工作中尽可能多地使用 Excel 快捷键，尝试用它们来替代一些常用的鼠标和菜单 Excel 操作。刚开始的时候，可能需要不断地查阅快捷键列表，但对于那些经常用到的 Excel 快捷键，使用几次之后，你就会不自觉地记住它们。

（3）逐渐掌握了一些 Excel 快捷键后，回到第一步，再次浏览一下 Excel 快捷键列表，继续按照使用频率摘选一些有必要优先熟悉的快捷键，对照书中的案例了解其功用，并刻意地实践。如此循环，直到你能熟练应用它们。

为了避免枯燥，本书大多数的快捷键的说明中都附有快捷键的使用场合和对使用方法的介绍，透过书中介绍的实例，读者不但能学习到 Excel 快捷键的功能，还能在情景学习中学到很多与快捷键对应的相关 Excel 技巧。

作者不建议读者一边阅读本书一边操作计算机，我个人认为这样可能会影响读者的阅读兴趣和阅读进度，建议读者抛开计算机，像阅读故事书一样阅读本书，根据书中案例所提供的"故事情节"，在头脑中想象一下应在何时按下这些快捷键以便加深理解，这也算是情景学习法吧！

Excel 快捷键初看上去给人的感觉是单调、枯燥的，其实实际情况不是这样，试想，你会觉得 Ctrl+F（"查找"的快捷键）枯燥吗？某项知识之所以让你感觉枯燥，是因为你暂时没有发现它在实战应用中的意义。在本书中，各种结合实际情景的快捷键介绍不但不会让你感觉枯燥，甚至会让你发现其中的乐趣。

Excel 快捷键还隐藏着一些有趣的规律，比如在 Excel 中，选择全部数据区域的快捷键 Ctrl+A 中的 A 代表 All；设置字体为粗体的快捷键 Ctrl+B 中的 B 代表"粗体（Bold）"，复制目标的快捷键 Ctrl+C 中的 C 代表"复制（Copy）"……

当然也有例外，粘贴的快捷键 Ctrl+V 中的 V 虽然不代表"粘贴（Paste）"，但是仔细观察键盘会发现，字母 C 和 V 是邻居，复制完毕，紧接着的操作通常是粘贴，因此用 Ctrl+V 代表粘贴，轻轻移动手指就能完成这个操作，真是太方便了！本书还会带读者探索很多这样的"规律"。

很多 Excel 快捷键是上下文相关的，通常在看到别人分享的 Excel 快捷键列表时，往往会有在 Excel 中一个个验证的冲动，但是如果对 Excel 的使用不是很了解，会发现很多 Excel 快捷键并没有任何效果，其实这并不奇怪。因为在 Excel 中，很多快捷键都是上下文相关的，没有上文怎么会有下文？这正像没有使用 Ctrl+C 键（复制），怎么能见到 Ctrl+V 键（粘贴）的效果？！

学习 Excel 快捷键，必须结合实际案例才能有更好的效果，这也是本书的指导思想之一。

职场就是江湖，Excel 快捷键就是胜出的秘密武器，而这本书就是一本江湖秘籍！在操作 Excel 时，手指在键盘上上下翻飞，练就"无影手"绝技时，一定会体会到那种"不会武功，也能笑傲江湖"的感觉，让我们共同努力！

第2章

计算机上的
四大名"键"

为了更容易理解和记忆 Excel 快捷键，有必要先熟悉一下计算机键盘上四个著名按键的含义，这四个按键经常在 Excel 快捷键组合中出现。它们分别是 Alt、Ctrl、Shift 和 WIN 键。

第一键：Alt

Alt 是英语单词 Alternative 的缩写，其含义是"替代的；供选择的"，在 Excel 快捷键中，它代表的含义大致是"该按键的另一种功能是……"。比如在 Excel 中，F11 键能够基于所选的数据区域自动创建图表工作表，那么 Alt+F11 键表示 F11 键的另一种功能，即进入 Excel VBA 编程环境。

第二键：Ctrl

Ctrl 是英语 Control 的缩写，试想如果把某人控制起来，会不会引起这个人行为上的一些改变？对，Excel 快捷键也是一样，A 按键本来仅仅是输入字母 A 的按键而已，但是，如果按下 Ctrl+A 键，把 A 键给控制起来，那么它的行为就不再是输入字母 A 了，而是选中活动单元格所在的整个数据区域（这时，字母 A 的意思是 All）。

第三键：Shift

Shift 的英文意思是"转换（切换）"，在 Excel 快捷键中表示转换到另一种与当前快捷键功能"相对的或者相关的"功能。比如在 Excel 快捷键中，Tab 键的功能是向右移动一个单元格，而 Shift+Tab 键表示向左（反方向）移动一个单元格。

另外，还不能忘记 Shift 键本来的功能，Shift 键的学名是"上挡键"，计算机键盘上的很多按键都标有上下两个字符，按住 Shift 键，再按相应的按键可以输入该按键上半边的字符。比如快 Ctrl+# 键可以把数字格式转化为日期格式。那要怎样输入 # 号呢？当然是在按着 Shift 键的同时再按标有 # 符号的那个键（数字 3 对应的那个键），因此把数字格式转化为日期格式时，真正需要按的 3 个键是"Ctrl+Shift+3"。在 Excel 快捷键的表达里，通常会简单地说成"Ctrl+#"，但必须要清楚，实际按的键有 3 个。

第四键：WIN

几年前，我忽然发现新买的计算机键盘上增加了一个带有 Windows 操作系统标志的特殊按键（通常简称 WIN 键），即使意识到它的存在之后，我在很长的一段时间里也不知道它有什么用处。事实上，这是一个非常有用的快捷键。这个按键与其他按键结合将构成很多操作系统级别的快捷键。

比如当暂时离开计算机的时候，通常需要锁屏，之前我总是按下 Ctrl+Alt+Delete 键，弹出"任务管理器"对话框后再按 Enter 键锁定屏幕，现在不用这么麻烦了，只需按下 WIN+L 键即可。

第3章

F1 至 F12 功能键

快捷键	功能描述	相关注释
F1	显示 Excel 的"帮助"窗口	调出"帮助"窗口后，可以用关键字搜索相关的帮助
F2	切换活动单元格进入编辑状态	当单元格进入编辑状态，按下方向键时就不会跳到下一个单元格了
F3	粘贴自定义名称	
F4	快速切换 Excel 公式中单元格地址的引用形式	把光标放置在单元格地址上，连续按 F4 键，单元格地址会在绝对引用、混合引用、相对引用之间快速切换，即 A1 → \$A\$1 → A\$1 → \$A1 → A1
	重复最后一个 Excel 命令或动作	相当于 Ctrl+Y 键
F5	显示"定位"对话框	相当于 Ctrl+G 键
F6	按一下 F6 键，然后按 Enter 键会调出"录制宏"对话框	
	连续按两次 F6 键会出现菜单快捷键提示	相当于按一次 Alt 键或 F10 键
F7	显示"拼写检查"对话框	
F8	进入"扩展式选定"状态，再次按 F8 键则退出这种状态	在 Excel 窗口下方状态栏左侧有当前状态的显示
F9	重新计算当前工作簿中的所有值	按 Shift+F9 键可计算当前工作表
F10	显示菜单快捷键提示	相当于按一次 Alt 键
F11	基于所选的数据创建图表工作表	按 Alt+F1 键创建嵌入式工作表
F12	显示"另存为"对话框	与 Shift+F12 键作用相同

F1

显示"帮助"窗口

当光标处于 Excel 界面时，按下 F1 键会调出 Excel 的"帮助"窗口，可以用它搜索与 Excel 相关的任何读者感兴趣的话题。事实上 Excel 的帮助就是一本 Excel 大全的电子书，充分利用 Excel 的帮助功能可以省下不菲的购书费用。

例如，Index 函数是 Excel 中一个比较重要的函数，在 Excel"帮助"窗口的搜索框中输入"index"，按 Enter 键后便得到如下图所示的结果，这里面有关于该函数的解释和示例。

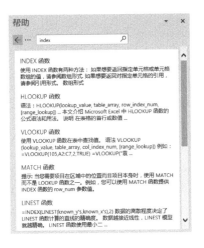

F2

让当前单元格进入编辑状态

在默认情况下选中单元格然后输入字符时，输入的字符会覆盖单元格中的原有内容，为避免这种情况发生，有人在编辑单元格中的内容时这样做：先用鼠标选中内容所在的单元格，然后单击工作表上方的编辑栏（也被称为"公式栏"），在编辑栏中修改目标单元格中的内容。

其实，完全不必如此麻烦，只需选中单元格，然后按一下 F2 键，此时，选中的单元格进入编辑状态，这样就可以直接在单元格中编辑内容了（见下图）。

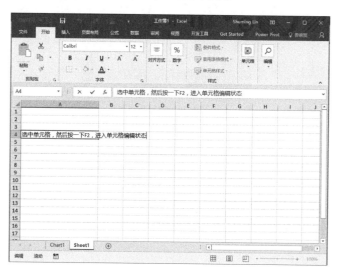

F3

粘贴名称

有些读者可能注意到在 Excel 公式栏的左边有一个下拉框，这个下拉框里通常显示的是当前单元格的地址。不过，你也许不知道，这个下拉框有一个专门的名字："名称框"，它是用来给当前选中的单元格或者单元格区域定义名称的。

在默认情况下，名称框显示的是选中的单元格的地址。事实上，单元格地址本身就是其对应的单元格的名称，它是由特定单元格所在的行号和列号组成的一个字符串，比如 A1 代表工作表左上角的第一个单元格。不过，这个名称总是让人觉得冷冰冰的，不是那么友好。

其实还可以给选中的单元格或者单元格区域（不管是连续的还是离散的）再取一个好记的"别名"，具体操作为：选中任意一个单元格或者单元格区域，在名称栏中给选中的单元格或者单元格区域输入一个自定义的名称，然后按 Enter 键，现在你所选中的单元格就有了一个新的名字了。

Excel 中的"名称"相当于给 Excel 中的单元格或者单元格区域起了另外一个名字，以后在公式中需要用到这些单元格或者单元格区域时只需使用它们的"名称"就可以了。

比如给 A1 单元格取名为"圆周率"，并在 A1 中输入数值 3.14；给 B1 单元格取名为"半径"，并在 B1 中输入半径数值 5；那么，要计算圆的面积，只需要在 C1 中输入公式"=

圆周率 * (半径 ^2) " 即可 (见下图), 怎么样? 公式变得容易理解了吧!

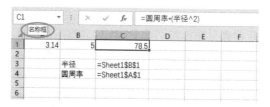

对于一个稍微复杂一点的 Excel 模型, 为了便于管理和维护, 往往要使用很多自定义名称。如何快速地列出所有这些自定义的名称和其代表的单元格区域地址呢? 很简单, 先选中一个单元格, 按下 F3 键后, 就会调出 "粘贴名称" 对话框, 单击 "粘贴列表" 按钮, Excel 就会把工作簿中已有的名称和它们指代的区域粘贴到指定的位置上 (见下图)。

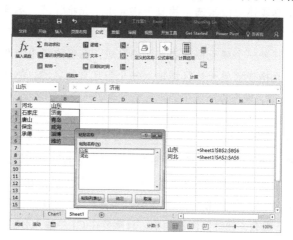

F4

切换单元格地址引用形式

当你把光标置置在 Excel 公式中的单元格地址上，连续按 F4 键，单元格地址会在绝对引用、混合引用、相对引用之间快速切换。

举一个例子，如果公式里引用了 A1 单元格，那么，如果把光标放在 A1 单元格上，连续按下 F4 键，则 A1 单元格的引用形式会以下面的顺序切换：A1>A1>A$1>$A1>A1。有了这个快捷键，我们再也不需要按着 Shift 键手动输入 $ 符号了！

Excel 用户一定要记住这个快捷键，它能在设计 Excel 公式时节省下令人可观的时间。

第3章

F1 至 F12 功能键

F4

重复最后一次操作

除了可以切换单元格地址的引用形式，F4 键还有一个作用，即在上下文允许的情况下，重复最后一个 Excel 命令或动作，其作用类似于 Ctrl+Y 键，这为重复执行 Excel 命令带来了方便。

F5

显示"定位"对话框

怎样才能快速找到 Excel 文件中特定的单元格区域呢?
可以通过 F5 键的"定位"功能达到目的。

在 Excel 工作表中按下 F5 键,会调出"定位"对话框,
如果在 Excel 报告中使用了"名称",该对话框的上部的列
表框中会列出所有已经定义的名称。选中列表框中的名称,
然后单击"确定"按钮,Excel 会把用户导航到"名称"所
对应的命名区域。

如下图所示,在"定位"对话框的名称列表中选择"李
四",然后单击"确定"按钮,Excel 会立刻选中名称"李四"
所代表的单元格区域 B3:G3。

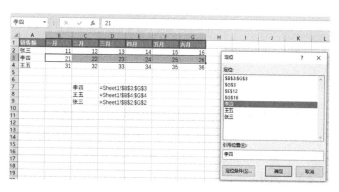

将"定位"功能和"Excel 名称"配合使用,可以提高
工作效率,比如命名了一个由不连续的单元格组成的单元格区

域后，用"定位"功能可以一次性地选中名称所代表的不连续单元格。

在"定位"对话框的左下角，还有一个"定位条件"按钮，单击该按钮会弹出"定位条件"对话框，如下图所示。在该对话框里，可以在 Excel 工作簿中一次性选中具有某种特定特征的所有单元格，这样就可以对选中的区域进行批量处理了，比如批量设置格式、删除、填充等。在 Excel 中，"定位"功能的另一个快捷键是 Ctrl+G。

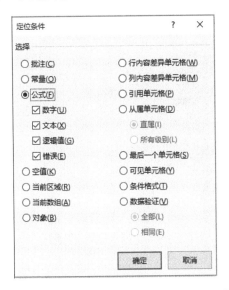

该快捷键对应的命令操作：在 Excel 界面中依次单击"开始→编辑→查找和替换→转到"命令。

F6+Enter

宏是一种在 Excel 中记录某种连续操作，并且在需要的时候重新调用出来重复执行的一种功能。

先按一下 F6 键，然后按 Enter 键，会调出"录制宏"对话框，在这里可以开始录制 Excel 宏（见下图）。

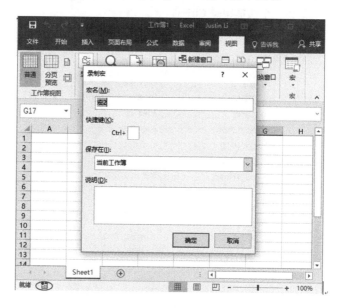

该快捷键对应的命令操作：在 Excel 界面中依次单击"开发工具→代码→录制宏"命令。

F6

显示菜单快捷键提示

除了先按一下 F6 键再按 Enter 键会调出"录制宏"对话框之外，连续按两次 F6 键还会在 Excel 界面上显示菜单快捷键提示，按照提示按下键盘上对应的字母会打开相应的菜单，相当于按一次 Alt 键（见下图）。

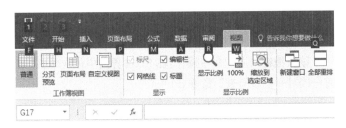

F7

显示"拼写检查"对话框

对于母语不是英语的用户来说，在 Excel 中输入英文时难免会出现拼写错误，幸运的是，在 Excel 界面中按下 F7 键就会调出"拼写检查"对话框，它会帮助我们找出 Excel 工作表中的拼写错误，并提出更改建议（见下图）。

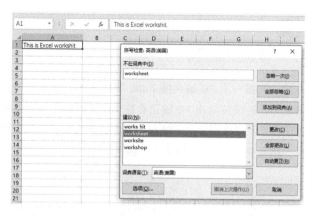

　　该快捷键对应的命令操作：在 Excel 界面中依次单击"审阅→校对→拼写检查"命令。

F8

进入"扩展式选定"状态

　　按一下 F8 键将进入"扩展式选定"状态，再次按下 F8 键则退出这种状态。当前所处的状态在 Excel 窗口下方状态栏的左边有显示。

　　选中一个单元格，按下 F8 键进入"扩展式选定"状态，然后使用方向键（或者使用鼠标单击另外一个单元格），就可以快速选择一个矩形单元格区域，如下图所示。

　　再按一下 F8 键或者按一下 Esc 键退出"扩展式选定"状态。

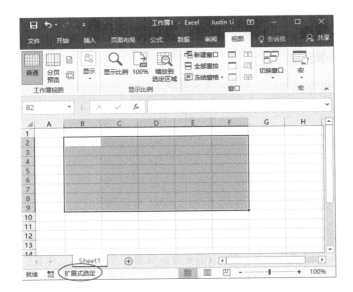

　　如果你偷偷地在别人的 Excel 界面中按一下 F8 键，很多 Excel 用户会一下子不知所措，还以为自己的 Excel 出了问题。

F9

重新计算公式

　　一般情况下，只有在 Excel 的某个单元格中的内容发生变化时才会引起 Excel 工作簿里的公式重新计算。但有时需要强迫 Excel 重新计算，比如在 Excel 工作表中输入如下图所示的模拟投硬币的公式。这时，每按一下 F9 键，该公式就会重新计算一次，单元格中就会显示新的模拟投掷硬币的计算结果。

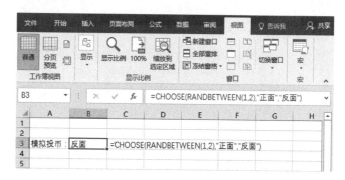

顺便提一下，按 F9 键是重新计算整个工作簿文件里的公式，按 Shift+F9 键只计算当前工作表里的公式。

该快捷键对应的命令操作：在 Excel 界面中依次单击"公式→计算→开始计算"命令。

F10

显示 Excel 菜单快捷键提示

按一下 F10 键，Excel 界面上就会显示菜单快捷键提示。按照提示按下键盘上对应的字母键就能打开相应的菜单，如下图所示，这相当于按一次 Alt 键。

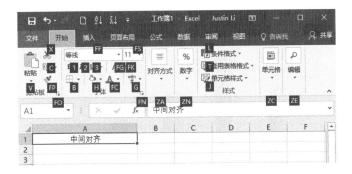

Excel 中很多常用的操作都没有对应的快捷键操作，Excel 的快捷键菜单提示为用户提供了用键盘调用菜单功能的新方式。比如在 Excel 单元格内容中，中间对齐功能没有相应的 Excel 快捷键，但仍可以按照如下操作实现这个功能：选中要设置中间对齐格式的单元格区域，按一下 F10 键，然后按照 Excel 菜单屏幕提示，依次按下 H、A、C 键，就会发现单元格中的内容变成中间对齐了。

F11

创建图表工作表

图表工作表就是专门存放一张图表的工作表。选中图表所使用的数据区域，按一下 F11 键，Excel 就会基于所选的数据创建图表工作表，如下图所示。

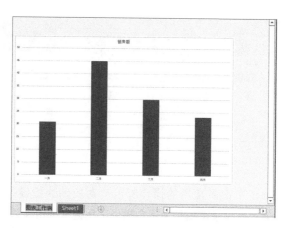

图表工作表与嵌入式图表不同，嵌入式图表是"嵌入"在工作表中或者说是"漂浮"在工作表之上的图表，也是工作中用得最多的 Excel 图表方式，如下图所示。

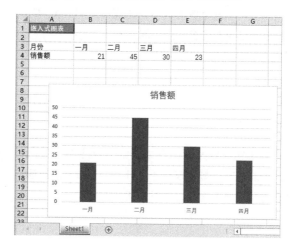

该快捷键对应的命令操作：右击工作表名称标签，在弹出的快捷菜单中选择"插入"命令，然后在弹出的"插入"对话框中选择"图表"。

F12

显示"另存为"对话框

随时保存当前正在编辑的工作簿文件的快捷键是Ctrl+S，这里的S相当于英文单词Save，这个快捷键几乎人人皆知。

而F12功能键的作用是打开"另存为"对话框（见下图），这个快捷键在备份文件的时候非常方便。F12用于备份当前的Excel工作簿文件，让用户有机会把当前文件改个名字继续编辑，并同时保存一个以原来名字命名的文件副本。

假设正在当前屏幕上编辑的Excel文件为A，你在此时想备份一下当前文件，于是按下F12或者依次单击Excel菜单上的"文件→另存为"命令把当前文件另存为B，然后继续编辑屏幕上的文件，请问：当前屏幕上的Excel文件是A还是B？读者可以自己试着操作一下。

这里值得一提的是，在"另存为"对话框中，依次单击"工具→常规选项"命令即可对表格设置权限密码。

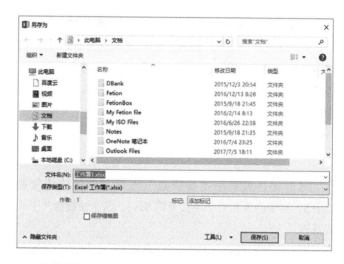

　　该快捷键对应的命令操作:在 Excel 界面中依次单击"文件→另存为"命令。

第4章

Alt+ 符号键

快捷键	功 能
Alt+;	选中"可见单元格"
Alt+=	插入 SUM 函数
Alt+ ←	返回超链接跳转之前的活动单元格
Alt+ '	显示"样式"对话框

Alt+;

选中"可见单元格"

在数据分析的过程中，用户可能会隐藏原始数据的一些行或列，然后只把那些"露在外面（可见的）"单元格中的内容复制到另外一个工作表中。这时可以先选中全部数据（按 Ctrl+A 键），然后按 Alt+; 键，此时你会发现，只有"可见单元格"才处于选中状态，这时按 Ctrl+C 键复制已经选中的"可见单元格"，然后按 Ctrl+V 把已经复制的"可见单元格"中的内容粘贴到需要的地方。

举例来说，下图中的数据包含多个部门的人员名单，现在对 C 列中的内容进行筛选，只保留检验科的人员名单，然后选中 A1 单元格，按 Ctrl+A 键选中全部数据区域，当接着按下 Alt+; 键时，会发现只有"可见单元格"被选中。这时按下 Ctrl+C 和 Ctrl+V，复制和粘贴的只是数据筛选后的可见部分。

该快捷键对应的命令操作：在 Excel 界面中先选中数据区域，然后依次单击"开始→编辑→查找和选择→定位条件"命令，在弹出的"定位条件"对话框中选择"可见单元格"选项。

Alt+=

插入 SUM 函数

SUM 函数是数据分析人员经常用到的函数之一，它的应用频率如此之高，以至于微软专门为此设计了一个快捷键。

选中下图所示的工作表中数字列下方的单元格，按下 Alt+= 键后就会在选中的单元格中插入一个 SUM 函数，而且 Excel 会自动选择公式上边的全部数字作为 SUM 函数的参数。

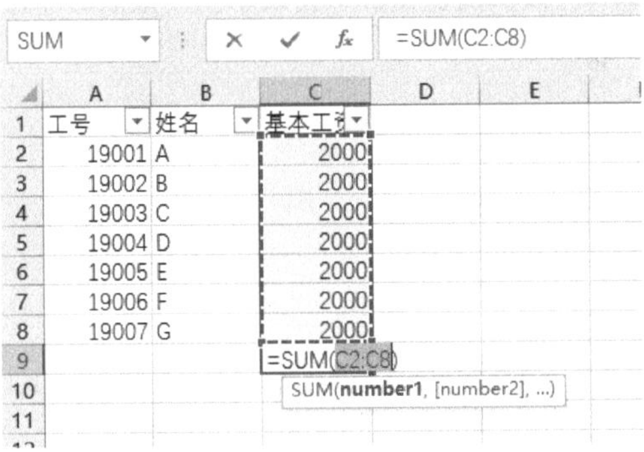

SUM	▼	⋮	×	✓	fx	=SUM(C2:C8)		
▲	A	B	C	D	E		
1	工号 ▼	姓名 ▼	基本工资 ▼				
2	19001	A	2000				
3	19002	B	2000				
4	19003	C	2000				
5	19004	D	2000				
6	19005	E	2000				
7	19006	F	2000				
8	19007	G	2000				
9			=SUM(C2:C8)				
10			SUM(**number1**, [number2], ...)				
11							

该快捷键对应的命令操作：在 Excel 界面中依次单击"公式→函数库→自动求和"命令。

Alt+ ←

返回跳转超链接之前的活动单元格

在展示用的 Excel 报表中，往往会用到一些可以单击并跳转的超链接。单击超链接会跳转到超链接所指向的工作表（比如从目录工作表到细节工作表），操作完毕后想返回原来位置，也就是返回跳转之前的位置，该怎么办呢？这时只需要按 Alt+ ←键即可返回。

如下图所示，在工作表 Sheet1 的 B17 单元格中设置一个跳转到 Sheet4 的超链接（设置超链接的快捷键是 Ctrl+K）。设置完毕后，单击该超链接即可跳转到 Sheet4，在 Sheet4 界面中按下 Alt+ ←键会立即回到超链接所在的工作表 Sheet1。该快捷键在公司会议中演示报表时非常有用。

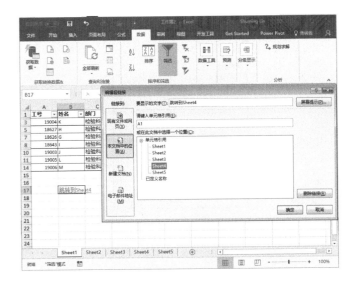

Alt+ '

显示"样式"对话框

该快捷键的功能是调出 Excel "样式"对话框，以此来快速查看当前所选单元格的格式设置情况，看看报表中是否存在单元格格式设置问题，比如不小心把包含数字的单元格设置成文本格式等。

该快捷键对应的命令操作：在 Excel 界面中依次单击"开始→样式→单元格样式→新建单元格样式"命令，弹出的"样式"对话框如下图所示。

第 5 章

Alt+ 功能键

快捷键	功能	相关内容
Alt+F1	基于所选数据在当前工作表中插入一个嵌入式图表	F11 键用于基于所选数据插入一个图表工作表
Alt+F2	显示"另存为"对话框	F12 键用于显示"另存为"对话框
Alt+F4	退出 Excel（关闭所有打开的工作簿）	按 Ctrl+F4 键也可退出 Excel（关闭选中的工作簿）
Alt+F5	刷新外部数据	
Alt+F8	显示"宏"对话框	F6+Enter 键用于显示"录制宏"对话框
Alt+F10	显示"选择"窗口	
Alt+F11	打开 VBA 编辑器	

Alt+F1
插入嵌入式图表

选中工作表中的数据，然后按下 Alt+F1，可以快速生成一个嵌入式图表。所谓的"嵌入式图表"是相对于"图表工作表"而言的。嵌入式图表是直接绘制在工作表上的图表；而图表工作表则是特殊的、只有一个图表的工作表。

Alt+F2
显示"另存为"对话框

Alt+F2 键的作用相当于 F12 键，两者都可以调出 Excel "另存为"对话框，如下图所示。不过人的左手一般更容易操作 Alt+F2 键，在文件备份时经常会用到此快捷键。

该快捷键对应的命令操作：在 Excel 界面中依次单击"文件→ 另存为"命令。

Alt+F4

关闭所有工作簿，退出 Excel

要快速关闭 Excel 文件时可以使用 Alt+F4 键，不过，可千万别在弹出的对话框中按错了按钮（见下图），如果单击了"不保存"按钮，后悔也来不及啊！

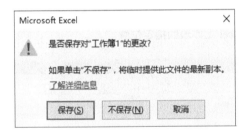

Alt+F5

刷新外部数据

当光标放在数据透视表中时，按下 Alt+F5 键的功能是刷新数据透视表。如果光标放在工作表上的外部数据表上时，按下 Alt+F5 键的功能则是刷新外部数据。两者的区别：

数据透视表的数据源可能在 Excel 内部，也可能在外部数据库中。

Excel 中的"获取外部数据"是一个非常强大的功能，它可以把外部数据实时地导入到 Excel 工作表中做进一步的数据分析，请看下面的案例。

在 Excel 界面中依次单击"数据→获取外部数据→自网站"命令会打开"新建 Web 查询"对话框,在对话框中的"地址"栏中输入如下图所示的某基金网站网址。

然后单击"转到"按钮，此时在对话框下方显示相应的网页。在网页中找到所需要的数据，并勾选数据左边的复选框。最后单击对话框右下角的"导入"按钮，将所选数据导入到 Excel 工作表的指定位置。

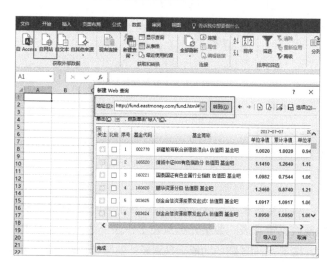

将上述网页中的数据导入 Excel 后的效果如下图所示。此时，工作表中的数据与网页数据建立了数据链接，如果删除工作表中的部分数据，然后按 Alt+F5 键，Excel 就会用最新的网页数据刷新工作表中的数据。

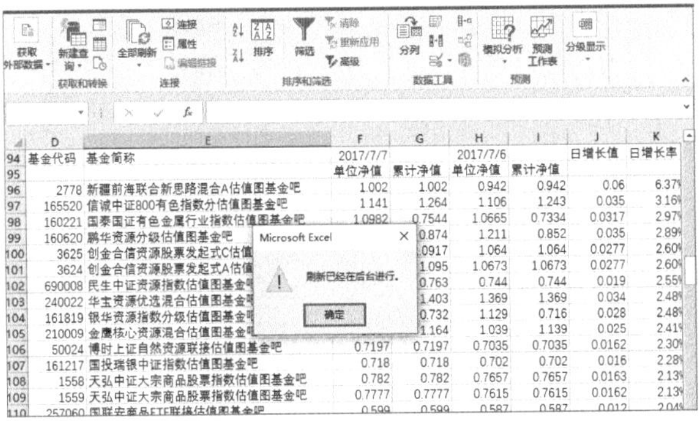

　　顺便提一下，在工作表中按下 F5 键会显示"定位"对话框，在 IE 浏览器中按下 F5 键的功能是刷新网页。

　　该快捷键对应的命令操作：选中外部数据区域，单击鼠标右键，在弹出的快捷菜单中选择"刷新"命令。

Alt+F8

显示"宏"对话框

　　如果在 Excel 中录制了宏，按下 Alt+F8 键会调出类似如下图所示的对话框，用户可以在该对话框里执行有关宏的各种操作。

　　该快捷键对应的命令操作：在 Excel 界面中依次单击"开发工具→代码→宏"命令。

Alt+F10

显示"选择"窗口

　　如果在 Excel 工作表里插入了很多图表、图形、图片，或者在 Excel 中绘制了比较复杂的组合图形，那么选中某个细小的组件可能是件比较困难的事情。

　　此时，如果按下 Alt+F10，Excel 工作表右侧会弹出"选择"窗口。在这个窗口里，当前工作表中的所有图表、图形、图片组件都会列在其中，用户可以在这里选择或者隐藏特定的对象。

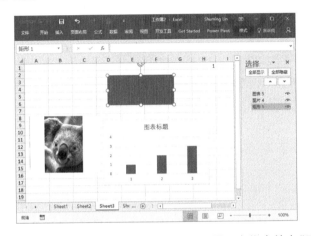

该快捷键对应的命令操作：在 Excel 界面中依次单击"开始→编辑→查找和选择→选择窗格"命令。

Alt+F11

打开 VBA 编辑器

按 Alt+F11 键可以打开 VBA 编辑器，如下图所示。使用 VBA 可以让用户与 Excel 进行交流，使 Excel 能够听懂用户吩咐给它的任务并重复执行。

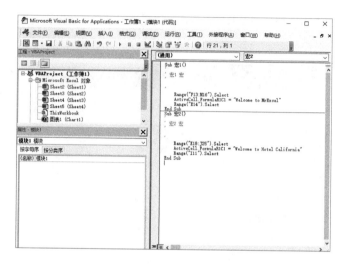

　　该快捷键对应的命令操作：在 Excel 界面中依次单击"开发工具→代码→ Visual Basic"命令。

第6章

Ctrl+ 数字键

快捷键	功能	备注
Ctrl+1	显示"设置单元格格式"对话框	常用快捷键
Ctrl+2	设置 / 取消文字加粗（Ctrl+B 也有同样功能）	
Ctrl+3	设置 / 取消文字斜体（Ctrl+I 也有同样功能）	单元格格式的设置 / 取消操作
Ctrl+4	设置 / 取消文字下画线（Ctrl+U 也有同样功能）	
Ctrl+5	设置 / 取消文字中画线	
Ctrl+6	隐藏 / 显示 Excel 工作表上的对象（图形、图片、图表等）	
Ctrl+8	显示 / 隐藏工作表分组符号	显示 / 隐藏操作
Ctrl+9	隐藏选中的行（Ctrl+Shift+9 键用于显示隐藏的行）	
Ctrl+0	隐藏选中的列（Ctrl+ Shift+0 键用于显示隐藏的列）	

Ctrl+1

显示"设置单元格格式"对话框

设置单元格格式恐怕是用户使用最频繁的功能之一，为此，Excel 专门设计了相应的快捷键，该快捷键非常容易记忆，就是 Ctrl+1 键。

按 Ctrl+1 键可以调出"设置单元格格式"对话框。在此之后可以连续按下 Ctrl+Tab 键在该对话框上方的"数字""对齐""字体""边框""填充""保护"等各个选项卡中切换。

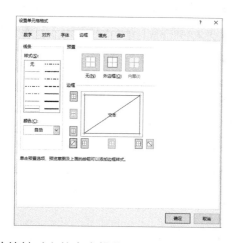

该快捷键对应的命令操作：选中要设置格式的单元格区域，单击鼠标右键，在弹出的快捷菜单中选择"设置单元格格式"命令。

Ctrl+2/3/4/5

设置文字为加粗 / 斜体 / 下画线 / 中画线

对于这组快捷键，我个人更倾向于使用"Ctrl+ 对应的字母"的方式达到相同的目的。

Ctrl+2：设置 / 取消设置文字加粗（Ctrl+B 键也有同样的功能，B=Bold）；

Ctrl+3：设置 / 取消设置文字斜体（Ctrl+I 键也有同样的功能，I=Italic）；

Ctrl+4：设置 / 取消设置文字下画线（Ctrl+U 键也有同样的功能，U=Underline）；

Ctrl+5：设置 / 取消设置文字中画线。如果你有一个任务清单，那么，每完成一项任务就可以按 Ctrl+5 键给该项文字画一个中画线，例如：就像这样。

Ctrl+6

隐藏 / 显示工作表上的"对象"

Excel 会把除了单元格和单元格中的输入内容之外的东西统称为"对象"。常见的"对象"有图表、图形、图片、按钮等。有时候，工作表上的各种对象遮挡了单元格中的内容，这时可以按下 Ctrl+6 键隐藏 / 显示这些遮挡在单元格上的各种对象。

如下图所示，工作表中的 Access 图标和 Excel 嵌入式图表挡住了部分数据，但是如果不想删除它们，此时，可以按 Ctrl+6 键暂时隐藏它们。

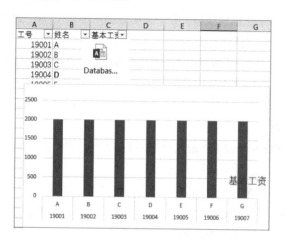

Ctrl+8

显示 / 隐藏工作表的分组符号

Ctrl+8 键用来显示 / 隐藏分组符号，下面的两张图对比了隐藏工作表分组符号之前和之后的情况。

下图是隐藏工作表分组符号之前的效果。

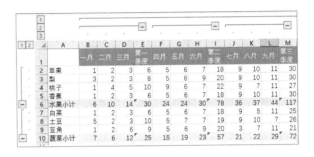

	A	B	C	D	E	F	G	H	I	J	K	L	M
1		一月	二月	三月	第一季度	四月	五月	六月	第二季度	七月	八月	九月	第三季度
2	苹果	1	2	3	6	5	6	7	18	9	10	11	30
3	梨	3	2	3	8	5	6	9	20	9	10	11	30
4	桃子	1	4	5	10	9	6	7	22	9	7	11	27
5	香蕉	1	2	3	6	5	6	7	18	9	10	11	30
6	水果小计	6	10	14	30	24	24	30	78	36	37	44	117
7	白菜	1	2	3	6	5	6	7	18	9	5	11	25
8	土豆	5	2	3	10	5	7	7	19	9	10	7	26
9	豆角	1	2	6	9	5	6	9	20	3	7	11	21
10	蔬菜小计	7	6	12	25	15	19	23	57	21	22	29	72

下图是按 Ctrl+8 键隐藏工作表分组符号之后的效果，可以看出分组符号被隐藏了起来，工作表整洁了许多。

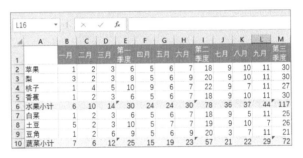

	A	B	C	D	E	F	G	H	I	J	K	L	M
1		一月	二月	三月	第一季度	四月	五月	六月	第二季度	七月	八月	九月	第三季度
2	苹果	1	2	3	6	5	6	7	18	9	10	11	30
3	梨	3	2	3	8	5	6	9	20	9	10	11	30
4	桃子	1	4	5	10	9	6	7	22	9	7	11	27
5	香蕉	1	2	3	6	5	6	7	18	9	10	11	30
6	水果小计	6	10	14	30	24	24	30	78	36	37	44	117
7	白菜	1	2	3	6	5	6	7	18	9	5	11	25
8	土豆	5	2	3	10	5	7	7	19	9	10	7	26
9	豆角	1	2	6	9	5	6	9	20	3	7	11	21
10	蔬菜小计	7	6	12	25	15	19	23	57	21	22	29	72

该快捷键对应的命令操作：选中要分组的行或列，单击"数据→分级显示→创建组"命令。

Ctrl+9

隐藏选中的行

该快捷键的作用相当于选中一些行，单击鼠标右键，在弹出的快捷菜单中选择"隐藏"命令。但是快捷键比鼠标操作更灵活，因为在即使不是整行选取的情况下，该快捷键也能达到隐藏行的效果。

在如下图所示的工作表中，第 3 行到第 6 行已经被隐藏，如何重新显示那些隐藏的行呢？当活动单元格位于数据区中时，按 Ctrl+A 键选中整个数据区，然后按 Ctrl+Shift+9 键取消隐藏（重新显示）那些已被隐藏的行。

▲	A	B	C	D	E	F
1	A	A	A	A	A	A
2	B	B	B	B	B	B
7	G	G	G	G	G	G

Ctrl+0

隐藏选中的列

该快捷键的作用相当于选中一些列，单击鼠标右键，在弹出的快捷菜单中选择"隐藏"命令。但是快捷键比鼠标操作更灵活，因为在即使不是整列选取的情况下，该快捷键也能达到隐藏列的效果。

假如某些列已经被隐藏，如何重新显示那些隐藏的列呢？当活动单元格位于数据区中时，按 Ctrl+A 键选中整个数据区，然后按 Ctrl+Shift+0 键取消隐藏（重新显示）那些已被隐藏的列。

第7章

Ctrl+ 功能键

快捷键	功能描述	相关	功能描述
Ctrl+F1	功能区最小化 / 最大化	F1	显示 Excel 的 "帮助" 窗口
Ctrl+F2	显示 "打印" 窗口	F2	让活动单元格进入编辑状态
Ctrl+F3	显示 "名称管理器" 对话框	F3	粘贴自定义名称
Ctrl+Shift+F3	以选定区域创建名称	F3	粘贴自定义名称
Ctrl+F4	关闭选中的工作簿窗口（功能同 Ctrl+W 键）	F4	切换单元格地址引用形式
Ctrl+F5	如果选中的工作簿窗口处于最大化状态，则将其恢复成原来的尺寸	F5	显示 "定位" 对话框
Ctrl+F6	如果多个工作簿窗口处于打开状态，按该快捷键则在不同的工作簿窗口间按顺序切换	F6	连续按两次 F6 键会出现菜单快捷键提示 按一下 F6 键，然后按 Enter 键会打开 "录制宏" 对话框
Ctrl+F7	如果当前窗口没有处于最大化状态，按下此快捷键会抓住该窗口，然后用方向键移动窗口，完成窗口移动后按 Esc 键恢复正常状态	F7	显示 "拼写检查" 对话框
Ctrl+F8	如果当前窗口没有处于最大化状态，按下此快捷键则会进入窗口尺寸调整状态，可以用方向键调整窗口尺寸	F8	进入扩展选择模式
Ctrl+F9	工作簿窗口尺寸最小化	F9	重新计算所有工作簿上的所有工作表
Ctrl+F10	工作簿窗口尺寸最大化	F10	显示菜单键盘提示
Ctrl+F11	插入一个新的 Excel 4.0 宏工作表	F11	插入图表工作表
Ctrl+F12	显示 "打开" 对话框(Ctrl+O)	F12	显示 "另存为" 对话框

Ctrl+F1

菜单功能区最小化 / 最大化

Excel 2007 版及以后的版本由于采用了 Ribbon 形式的界面，功能区占据了屏幕很大的一部分，挤占了工作表中宝贵的可用空间，因此 Excel 为用户提供了一个最小化功能区的选项，对应的快捷键为 Ctrl+F1，下面两张图就是最小化功能区前后界面的对比。

最小化功能区前的效果如下图所示。

最小化功能区后的效果如下图所示。

该快捷键对应的命令操作：把光标放在功能区上，单击鼠标右键，在弹出的快捷菜单中选择"功能区最小化"命令。

Ctrl+F2

显示"打印"窗口

按下 Ctrl+F2 键可以调出 Excel 的"打印"窗口。除了一般的 Excel 打印格式设置，在 Excel"打印"窗口的"打印机属性"里还能对当前连接的打印机进行打印效果的设置。

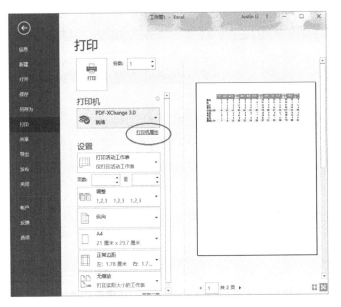

该快捷键对应的命令操作：在 Excel 界面中依次单击"文件→打印"命令。

Ctrl+F3

显示"名称管理器"对话框

按 Ctrl+F3 键可以调出"名称管理器"对话框。如果在工作簿文件里使用了名称,在该对话框中会显示所有的名称细节。这里可以对名称进行"新建""编辑""删除"等操作,如下图所示。

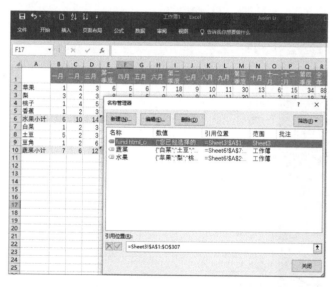

该快捷键对应的命令操作:在 Excel 界面中依次单击"公式→定义的名称→名称管理器"命令。

Ctrl+Shift+F3

显示"以选定区域创建名称"对话框

选中数据区域然后按 Ctrl+Shift+F3 键,会打开"以选定区域创建名称"对话框,如下图所示。在弹出的对话框中,如果选择"首行",那么 Excel 就会以每列首行单元格中的内容对该列数据命名。

完成上述设置后,在单击公式编辑栏左侧的名称下拉框时,会显示所有命名区域的名称,单击名称时,会选中该名称所代表的单元格区域,如下图所示。

该快捷键对应的命令操作：在 Excel 界面中依次单击"公式→定义的名称→根据所选内容创建"命令。

Ctrl+F4
关闭选中的工作簿

Ctrl+F4 键的功能是关闭选中的工作薄，按下这个快捷键后会弹出如下图所示的确认对话框，可千万不要点错按钮！很多用户在按错后都会抱怨："不保存"这个按钮为什么放在中间这个重要的位置呢？！

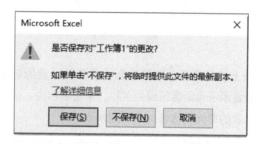

该快捷键对应的命令操作：在 Excel 界面中依次单击"文件→关闭"命令。

Ctrl+F5

恢复工作簿窗口到原来的尺寸

如果选中的工作簿窗口处于最大化状态，按 Ctrl+F5 键，即可将选中的工作簿窗口恢复到最大化之前的尺寸。

Ctrl+F6

在不同的工作簿窗口间按顺序切换

如果在同一个 Excel 应用程序下打开了多个工作簿窗口，按下 Ctrl+F6 键后 Excel 将在不同的工作簿窗口间按顺序切换。Ctrl+Tab 键也有同样的功能。

Ctrl+F7

移动 Excel 工作簿窗口

若 Excel 程序中的当前文件的窗口没有处在最大化状态，按下此快捷键后光标会变成四向箭头（ ），然后就可以用方向键移动当前工作簿窗口，完成窗口移动后按 Esc/Enter 键，窗口即可恢复正常状态。

Ctrl+F8

调整 Excel 工作簿窗口尺寸

按下 Ctrl+F8 键后，光标会变成四向箭头，再次按四个方向键，光标会跳到工作簿窗口的边缘，并由四向箭头变成双向箭头，再次按方向键即可按箭头方向调整窗口尺寸，调整好后，按 Enter 键即可恢复正常状态。

Ctrl+F9

工作簿窗口尺寸最小化

按 Ctrl+F9 键可以使当前工作簿窗口尺寸最小化，文件窗口将收缩到 Windows 桌面的任务栏处。

Ctrl+F10

工作簿窗口尺寸最大化

如果当前 Excel 工作簿窗口没有处在最大化的情况下，按 Ctrl+F10 键可以使当前工作簿窗口尺寸最大化。

Ctrl+F11

插入 Excel 4.0 宏工作表

按 Ctrl+F11 键可以插入 Excel 4.0 宏工作表。这是 Excel 为兼容以前的版本而保留的，现在一般很少有人使用了。这应该是被 Excel 逐渐抛弃的一个功能，接替它的是录制 Excel 宏（先按 F6 键再按 Enter 键），或者写 VBA 代码（Alt+F11）。

Ctrl+F12

显示"打开"对话框

使用 Ctrl+F12 键可以打开 Excel 的"打开"对话框，但我更愿意使用 Ctrl+O 键，因为 O=Open，更容易记忆！

该快捷键对应的命令操作：在 Excel 界面中依次单击"文件→打开"命令。

第8章

Shift+ 功能键

快捷键	功能描述	相关	功能描述
Shift+F2	插入 / 编辑单元格批注	F2	使文本框进入编辑状态
Shift+F3	显示"插入函数"对话框	F3	粘贴名称
Shift+F4	重复最后一次查找	F4	切换单元格地址引用形式
Shift+F5	显示"查找和替换"对话框	F5	显示"定位"对话框
Shift+F6	显示菜单快捷键提示	F6	按两次显示快捷键提示
Shift+F7	显示"同义词库"对话框	F7	显示"拼写检查"对话框
Shift+F8	增加新单元格区域到当前选中区域	F8	进入扩展选择模式
Shift+F9	重新计算当前工作表	F9	重新计算
Shift+F10	显示鼠标右键快捷菜单	F10	显示菜单快捷键提示
Shift+F11	插入一个新的工作表（Alt+Shift+F1 键也有同样功能）	F11	插入图表工作表
Shift+F12	显示"另存为"对话框（等于 F12 键）	F12	显示"另存为"对话框

Shift+F2

插入 / 编辑单元格批注

Shift+F2 键用于插入 / 编辑单元格批注，即如果原先的单元格中没有批注，按下此快捷键则会插入批注框；如果原单元格中已有批注，按下此快捷键则会进入批注的编辑状态。

该快捷键对应的命令操作：选中单元格，单击鼠标右键，在弹出的快捷菜单中选中"插入批注"命令（当单元格中没有批注时）或"编辑批注"命令（当单元格中已经有批注时），如下图所示。

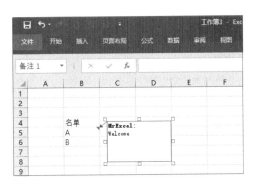

Shift+F3
显示"插入函数"对话框

Shift+F3 键的功能是当单元格中没有函数时,调出"插入函数"对话框(见下图),这相当于单击 Excel 编辑栏左边的"插入函数"按钮(带有"fx"字样的按钮)。

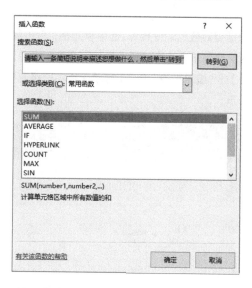

如果单元格中已经有函数了,使用该快捷键可以调出"函数参数"对话框(见下图),帮助用户熟悉和编辑函数的参数。这相当于单击 Excel 编辑栏左边的"插入函数"按钮(带有"fx"字样的按钮)。

函数参数 ? ×

SUM

Number1 ⬆ = 数值

Number2 ⬆ = 数值

=

计算单元格区域中所有数值的和

Number1: number1,number2,... 1 到 255 个待求和的数量。单元格中的逻辑值
和文本将被忽略，但当作为参数键入时，逻辑值和文本有效

计算结果 =

有关该函数的帮助(H)　　　　　　　　　　　确定　　取消

可以看到，无论是"插入函数"对话框还是"函数参数"对话框，它们的左下角都有一个"有关该函数的帮助"超链接，这对于不熟悉 Excel 函数的用户来说是非常给力的！

Shift+F4

重复最后一次查找

如果用户在前面执行过一次 Excel 查找操作，按下 Shift+F4 键则会重复执行一次与前面相同的查找操作。这个快捷键相当于单击"查找和替换"对话框里的"查找下一个"按钮。

使用这个快捷键的好处是即使关闭了"查找"对话框，

也能执行"查找下一个"的操作。

不要忘了，大名鼎鼎的查找快捷键是 Ctrl+F（F=Find）。

Shift+F5
显示"查找和替换"对话框

按 Shift+F5 键能够调出 Excel 的"查找和替换"对话框，并使"查找"标签处于选中状态。

下图是用 Shift+F5 键调出 Excel 的"查找和替换"对话框，然后又用鼠标单击了对话框中的"选项"按钮，展开了选项中的内容，目的是让读者熟悉一下"查找和替换"对话框中还有一些隐藏的功能。

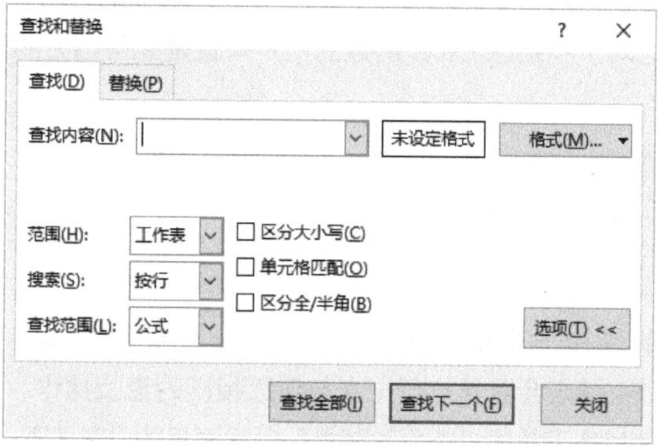

有些读者每天要和无数的 Excel 对话框打交道，但由于工作的匆忙往往难以注意到 Excel 对话框中还有一些"隐藏的好东西"，比如在"查找和替换"对话框中，还可以这样查找：

（1）按特定格式查找；

（2）自定义查找范围；

（3）匹配大小写；

（4）全部匹配查找或部分匹配查找等。

Shift+F6

显示菜单快捷键提示

按 Shift+F6 键，Excel 会显示菜单的快捷键提示，此时就可以按照菜单上面的提示，按顺序敲击键盘上的相应字母进入相应的菜单选项（见下图）。如果你的鼠标坏了，这个功能可以救急。

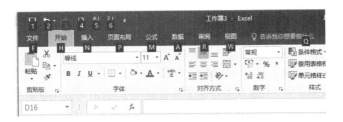

Shift+F7

显示"同义词库"窗口

换 Shift+F7 键可以显示"同义词库"窗口，这个功能对母语为非英语的 Excel 用户很有用，如下图所示。

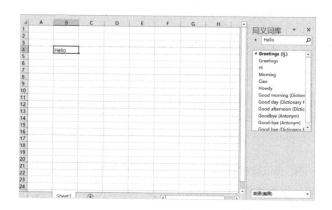

Shift+F8

增加新的单元格区域到当前区域

当按下 Shift+F8 键后，Excel 进入到"添加到所选内容"状态（在 Excel 状态栏左下角有显示），这时可以用鼠标选择不连续的单元格区域。操作完毕后，按 Esc 键退出连选状态。这个功能相当于在按着 Ctrl 键的同时用鼠标选择不连续的单元格区域（见下图）。

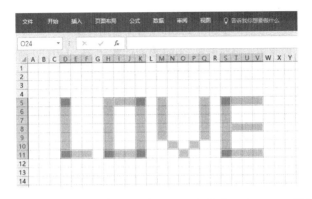

在这里给读者介绍一个 Excel 小游戏：在 Excel 编辑栏左边的"名称框"中输入如下密码：B3:B12，B12:D12，F3:F12，H3:H12，F3:F3，F12:H12，J3:J11，L3:L11，K12，N3:N12，N3:P3，N8:P8，N12:P12 ，然后按 Enter 键。你发现了什么？会有惊喜出现！

Shift+F9

重新计算当前工作表

按 Shift+F9 键可以重新计算当前工作表。这相当于 Excel 菜单中的"公式→计算→计算工作表"命令。

你可能遇到过这种情况：在 Excel 文件中有很多公式，每对该文件做一次修改，哪怕是小小的修改，都要等待

Excel 进行漫长的重新计算，这非常影响你的工作效率和心情。这时可以先把 Excel 设置为手动计算（见下图），等全部修改完成后再重新把 Excel 设置为自动计算。

如果中间临时需要 Excel 重新计算，可按 Shift+F9 键（重新计算当前工作表）或者 F9 键（重新计算整个工作簿）。

参考：F9——重新计算整个工作簿。

Shift+F10

显示鼠标右键快捷菜单

按 Shift+F10 键可以显示鼠标右键快捷菜单。说到鼠标右键快捷菜单时需要注意，这个菜单是上下文相关、自适应的，也就是说，根据用户当时选择的 Excel 对象的不同，鼠标快捷菜单中的选项也是各不相同的。

其实 Windows 键盘上还有一个鼠标快捷菜单专用的快捷键，这个键位于键盘右侧的 Ctrl 键的旁边（见下图），如果计算机就在你旁边，可以马上试一下。

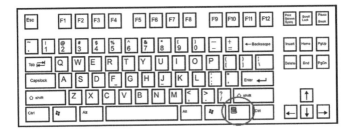

Shift+F11

插入一个新的工作表

　　按 Shift+F11 键可以插入一个新的工作表（Alt+Shift+F1 键也有同样功能），这个快捷键比先选中工作表标签，再利用鼠标右键快捷菜单来插入一个新的工作表快多了。

　　该快捷键对应的命令操作：选中 Excel 工作表标签，单击鼠标右键，在弹出快捷菜单中选择"插入"命令，在弹出的"插入"对话框中选择"工作表"（见下图）。

Shift+F12

显示"另存为"对话框

用 Shift+F12 快捷键可以调出"另存为"对话框（其效果与 F12 键功能相同），如下图所示。

第9章

Ctrl+ 字母键

快捷键	功能描述	相关	功能描述
Ctrl+A	选中当前区域（A=All）	Ctrl+*	选中活动单元格所在的当前区域，如果活动单元格处于数据透视表中，则选中整个数据透视表
	当光标插入点置于公式中的函数名称右侧时，按这个快捷键会显示"函数参数"对话框，Shift+F3 键也有同样功能	Ctrl+Shift+A	当光标插入点位于公式中的函数名称右侧时，按下这个快捷键会显示参数的名称和括号
Ctrl+B	设置/取消文字加粗(B=Bold)	Ctrl+2	设置 / 取消文字加粗
Ctrl+C	把所选定的单元格或者单元格区域复制到计算机内存中，一般与 Ctrl+V 键配合使用		
Ctrl+D	将所选单元格区域最上面的单元格内容自动向下粘贴至所选区域内的所有单元格中（ D=Down ）	Ctrl+Enter	如果当前单元格处于编辑状态，按下此快捷键则会把当前活动单元格中的内容粘贴至选中区域中的所有单元格
	如果所选的内容是图形、图像、图表等，按下这个快捷键会复制 / 粘贴图形、图像、图表等对象（ D=Duplicate ）		
Ctrl+E	快速拆分数据（ 智能填充 ）		

快捷键	功能描述	相关	功能描述
Ctrl+F	显示"查找和替换"对话框，并激活对话框中的查找功能（F=Find）	Shift+F5	显示"查找替换"对话框
		Shift+F4	重复上一次查找的内容
Ctrl+G	显示"定位"对话框（G=Go to）	F5	显示"定位"对话框
Ctrl+H	显示"查找和替换"对话框，并激活对话框的替换功能		
Ctrl+I	设置／取消文字斜体（I=Italic）	Ctrl+3	设置／取消设置文字斜体
Ctrl+J	清除单元格中的换行符		
Ctrl+K	如果文字内容没有超链接，则打开"插入超链接"对话框；如果文字内容已有超链接，则打开"编辑超链接"对话框		
Ctrl+L	显示"创建表"对话框（L=List）	Ctrl+Shift+L	激活"自动筛选"功能
Ctrl+N	创建一个空白工作簿文件（N=New）		
Ctrl+O	显示"打开"窗口，用于打开和查找文件（O=Open）	Ctrl+Shift+O	选择所有包含注释的单元格
Ctrl+P	显示"打印"窗口（P=Print）		
Ctrl+R	将所选单元格区域的最左边的单元格内容自动向右填充所选区域内的所有单元格中（R=Right）	Ctrl+D	将所选单元格区域最上面的单元格内容自动向下填充所选区域内的所有单元格（D=Down）；如果所选的内容是图形、图像、图表等，按下这个快捷键会复制／粘贴图形、图像、图表等对象（D=Duplicate）

快捷键	功能描述	相关	功能描述
Ctrl+S	用当前的文件名和路径及格式保存当前的工作簿（S=Save）		
Ctrl+T	创建表（T=Table）		
Ctrl+U	设置/取消文字下画线（U=Underline）	Ctrl+4	设置/取消文字下画线
Ctrl+Shift+U	扩大/缩小编辑栏		
Ctrl+V	把 Excel 粘贴板中的内容插入到光标的插入点位置，一般和 Ctrl+C 键配合使用	Ctrl+Alt+V	显示"选择性粘贴"对话框
Ctrl+Alt+V	显示"选择性粘贴"对话框		
Ctrl+W	关闭选中的工作簿		
Ctrl+X	剪切选中的单元格或者单元格区域，一般和 Ctrl+V 键配合使用		
Ctrl+Y	如果可行，则重复执行最后一个 Excel 命令或操作	F4	如果可行，则重复执行最后一个 Excel 命令或动作
Ctrl+Z	撤销命令		

Ctrl+A

选中当前区域

按 Ctrl+A 键（A=All）可以选中活动单元格所在的数据区域中的全部数据。这个快捷键在操作大量数据时非常有用。例如对占据几个屏幕才能显示全的数据进行格式设置时，按 Ctrl+A 键可以瞬间选中全部数据，避免了不断滚动屏幕的麻烦。

当需要对大量数据进行数据透视分析时，特别是需要对数据源中含有日期的列进行年、季度、月等分组的时候，在第一步用 Ctrl+A 键快速而精准地选中数据源范围，可以避免可能发生的数据透视表中按日期分组操作时的麻烦。

Ctrl+A

显示"函数参数"对话框

这是 Ctrl+A 在不同使用环境下的另一个功能，当光标位于公式中的函数名称的右侧时，按 Ctrl+A 键会显示"函数参数"对话框，该对话框实际上是该函数的使用向导，在该对话框中可以获得相关函数的所有信息。

下面介绍一个快速输入 Excel 函数的小技巧。比如你打算在工作表输入 MATCH 函数，在单元格中输入等号和

MATCH 函数的前几个字母时，Excel 会弹出一个所有以这几个字母开头的函数列表（见下图）。

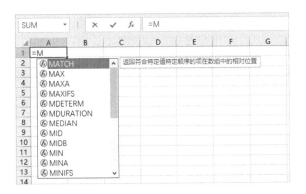

用键盘上的↑和↓键选择需要的函数后再按 Tab 键确认，此时该函数名称和该函数后面的第一个括号就已输入到单元格中（见下图）。

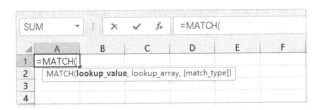

此时，在当前上下文环境下按 Ctrl+A 键，便会显示该函数的"函数参数"对话框（见下图）。在该对话框的左下角，可以找到"有关该函数的帮助"的超链接。

Ctrl+B

设置 / 取消文字加粗

使用 Ctrl+B（B=Bold）键可以设置 / 取消文字加粗。与 Ctrl+B 相关的快捷键有以下这几个。

Ctrl+2：设置 / 取消文字加粗（Ctrl+B 也有同样的功能）；

Ctrl+3：设置 / 取消文字斜体（Ctrl+I 也有同样的功能，I=Italic）；

Ctrl+4：设置 / 取消文字下画线（Ctrl+U 也有同样的功能，U=Underline）；

Ctrl+5：设置 / 取消文字中画线。

我个人更喜欢使用"Ctrl+ 字母"的快捷键方式，因为更容易记忆。

Ctrl+C

复制单元格或单元格区域

Ctrl+C（C=Copy）应该是 Excel 中使用频率最高的快捷键之一，它的功能是复制选中的单元格区域或者其他 Excel 对象，Ctrl+C 把选中的内容复制到计算机中，或者更精确地说，复制到 Excel 中的剪贴板中。和这个快捷键对应的快捷键是 Ctrl+V（将复制的内容粘贴到指定位置）。

也许你不知道，即使是最常用的复制功能里面也藏着秘密！

当你单击"开始→剪贴板"功能组右下角的小箭头时（或者连续按两下 Ctrl+C），会打开"剪贴板"窗口。此时，当你每次进行复制操作时，在"剪贴板"窗口中都会增加一个代表你所复制的内容的条目，在实际应用中，你可以一次性地把多项内容复制到剪贴板中，然后在需要时分别将它们复制到需要的地方，非常方便。

Ctrl+D

向下粘贴 / 复制粘贴

按 Ctrl+D 键（D=Down）可以将选中单元格区域最上面的单元格中的内容向下粘贴至所选区域内的所有单元格中。该快捷可以用于快速填充公式。

下图在 E4 和 F4 单元格中分别设置好公式之后，选中 E5:F16 单元格区域，然后按 Ctrl+D 键，这时会发现 E5:F16 单元格区域中的空白单元格瞬间被 E5:F16 区域中的第一行中的公式填满，而且公式会根据单元格地址引用方式自动调整。

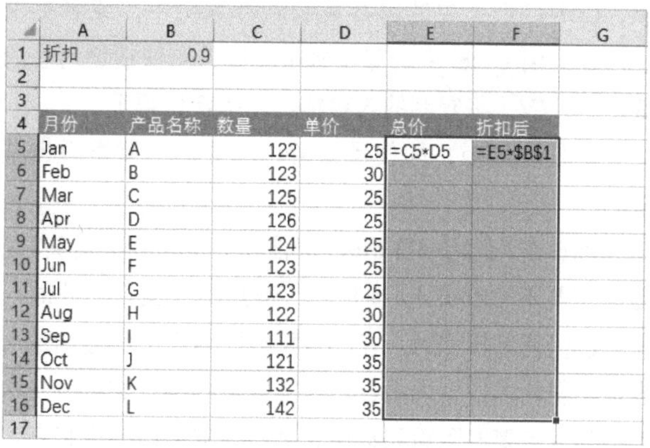

	A	B	C	D	E	F	G
1	折扣	0.9					
2							
3							
4	月份	产品名称	数量	单价	总价	折扣后	
5	Jan	A	122	25	=C5*D5	=E5*B1	
6	Feb	B	123	30			
7	Mar	C	125	25			
8	Apr	D	126	25			
9	May	E	124	25			
10	Jun	F	123	25			
11	Jul	G	123	25			
12	Aug	H	122	30			
13	Sep	I	111	30			
14	Oct	J	121	35			
15	Nov	K	132	35			
16	Dec	L	142	35			
17							

Ctrl+D

复制 / 粘贴对象

如果所选的内容是图形、图像、图表等，按 Ctrl+D 键（D=Duplicate）会复制 / 粘贴图形、图像、图表等对象。

该快捷键的神奇之处在于：当你复制 / 粘贴了第二个对象，并且调整好与前一个对象之间的位置，重复按下 Ctrl+D 键后，复制 / 粘贴的所有对象会与前一对象保持同样的相对位置，这对快速而整齐地排列图形非常有用。

Ctrl+E
快速拆分数据，智能填充

自 Excel 2013 版以后，Excel 提供了一种叫"快速填充"的功能（我觉得称它为"智能填充"更好些），它能够按照你提供给它的拆分样例自动提取数据中的部分内容。

如下图所示，要想提取 A 列中的纯数字内容，可在 B1、B2 中给出两个提取样例，然后选中 B1:B7 单元格区域，按下 Ctrl+E，Excel 就会自动填充其余内容。

Ctrl+E 是一个非常强大的快捷键，它能够自动填充或提取规律性比较强的数据，让一些通常需要利用较为复杂的公式和函数才能解决的问题变得容易。

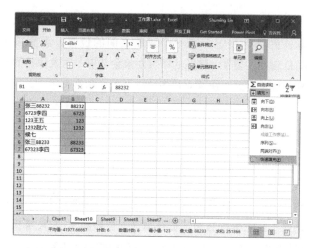

该快捷键对应的命令操作：在 Excel 界面上单击"开始→编辑→填充→快速填充"。

Ctrl+F

显示"查找和替换"对话框

用 Ctrl+F 键（F=Find）能够调出 Excel 的"查找和替换"对话框，并使"查找"标签处于选中状态。

在 Excel 中进行查找和替换操作的时候，不知道你有没有遇到过下面的小麻烦。比如在下图中想将 A 列中的 *（星号）全部替换成 –（减号），可是按下图所示的步骤操作后，你会发现，不只是 *，工作表中的所有字符全部被替换成了 –！

这是因为在 Excel 的"查找和替换"对话框中，* 是一个特殊的字符，它代表任意一个字符，因此上面的操作的含义是：把工作表中的任意一个字符都替换成 –。类似的其他特殊符号还有？（问号）和 ~（波浪号）。

在查找和替换这几个特殊字符时，需要在它们的前面

加上 ~。~ 的作用是把 Excel 中有特殊作用的字符变成普通含义的字符。因此在查找替换 * 时，应该在"查找内容"文本框中输入 ~*（波浪号和星号）；在查找替换 ~ 时，应该在"查找内容"文本框中输入 ~~（两个波浪号）。

　　参考：Shift+F5 键用于显示"查找和替换"对话框。Shift+F4 键用于重复上一次查找的内容。

Ctrl+G
显示"定位"对话框

　　如何才能快速找到 Excel 文件中特定的单元格区域？可以通过"定位"对话框达到目的。在 Excel 工作表中按 F5 键，会调出"定位"对话框，如下图所示，如果在 Excel 报告中应用了命名区域，该对话框会列出所有已经定义的名称。选中列表框中的名称，然后单击"确定"按钮，Excel 会把用户导航到对应的命名区域中。

在"定位"对话框的左下角,有一个"定位条件"按钮,单击该按钮会弹出"定位条件"对话框,如下图所示,在该对话框里,用户可以在 Excel 工作簿里一次性选中所有具有某种特定特征的单元格区域,这样就可以对选中的区域进行批量处理,比如设置格式、删除、填充等。

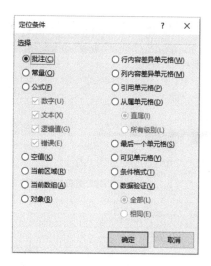

参考：使用 F5 键也可以调出"定位"对话框。

Ctrl+H

显示"查找和替换"对话框

下图是按 Ctrl+H 键后调出的"查找和替换"对话框。使用 Ctrl+H 与使用 Ctrl+F 键调出的对话框相同，只是激活的功能标签不同而已，一个激活"替换"标签（Ctrl+H），见下图，一个激活"查找"标签（Ctrl+F）。

按 Ctrl+H 键激活"查找和替换"对话框中的"替换"标签其实很好记忆，H 是"换"字汉语拼音的第一个字母，记住了吗？

Ctrl+I

设置 / 取消文字斜体

按 Ctrl+I 键（I=Italic）可以设置 / 取消文字斜体。我个人更喜欢使用"Ctrl+ 字母"的快捷键方式，因为容易记忆。相关快捷键有以下这几个。

Ctrl+2——设置 / 取消文字加粗（Ctrl+B 键也有同样的功能，B=Bold）；

Ctrl+3——设置 / 取消文字斜体；

Ctrl+4——设置 / 取消文字下画线（Ctrl+U 键也有同样的功能，U=Underline）；

Ctrl+5——设置 / 取消文字中画线。

Ctrl+J
清除单元格中的换行符

如果单元格中包含换行符（可以用 Alt+Enter 键实现在单元格中内部换行），这些换行符有时会干扰用户对数据进行核对操作，Ctrl+J 可以用来清除单元格内的换行符。在下图中，可以明显看到在 B6 单元格内存在一些换行符。

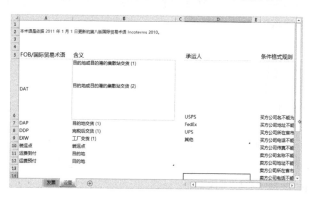

此时，按 Ctrl+H 调出"查找和替换"对话框，并在"查找内容"处单击鼠标后按 Ctrl+J（见下图），此处不会显示任何内容，但其实已经输入了换行符，不用在"替换为"文本框中输入任何内容（表示替换为空值），然后单击"全部

替换"按钮即可。

结果如下图的 B6 单元格所示,换行符神奇地消失了。

另外,使用该快捷键可以在 VBA 开发环境下加快开发速度。如下图所示,在输入代码的时候,预先输入代码的开

头几位关键字再按 Ctrl +J，系统就可以为用户提示相关的代码了，其类似于在单元格中输入函数时按 Tab 键，知道了这个操作，效率会提高许多。

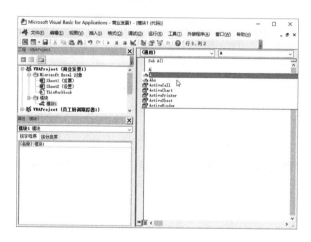

Ctrl+K
显示"插入 / 编辑超链接"对话框

插入超链接在制作 Excel 报告导航页中经常用到，有了 Ctrl+K 这个快捷键（K=Link），就不用在 Excel 菜单里翻找这个功能了。根据上下文不同，会分别显示"插入超链接"（如果原来没有超链接）或者"编辑超链接"对话框（如果原来已有超链接），如下图所示。

请注意观察"插入超链接"对话框的左侧"链接到"下面的选项，插入的超链接可以有多种类型。比如，如果要链接的目标是一个 Excel 文件，还可以指定在单击超链接时默认显示的具体工作表。操作方法是在"连接到："下面选择现有的文件和网页，然后选择一个具体的 Excel 文件，单击对话框右侧的"书签"按钮，在弹出的对话框（见下图）中选择相应的工作表名称即可。

如果要链接到当前 Excel 文件中的特定工作表，可以直接在左侧的"连接到："下面选择"本文档中的位置"（见下图），然后在右侧选择本文档中的特定工作表即可。

Ctrl+L

显示"创建表"对话框

按 Ctrl+L 键（L=List）能够把数据区域转换成列表。如果数据比较规范，也就是数据区域的每一列只存储同一类型的数据（文本或者数字），并且每一列都包含列标题，那么，把数据转换成列表会带来如下好处。

（1）相邻的数据行会以不同的颜色来标识，不容易看错行；

（2）基于列表制作的图表和数据透视表会随着列表数据的增加而自适应调整。

（3）可以在列表最下方增加汇总行，进行各种汇总计算。增加汇总行的操作：选中列表，依次单击"设计→表格样式选项→汇总行"命令。

下图为按 Ctrl+L 键后调出的"创建表"对话框。

把表格转换成列表后的效果如下图所示。

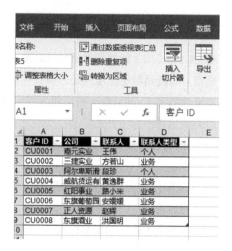

另一个具有相同功能的 Excel 快捷键是 Ctrl+T。

Ctrl+N

创建一个空白工作簿文件

按 Ctrl+N 键（N=New）可以创建一个新的空白工作簿文件，很快捷！这里的 N 代表英文单词 New。

Ctrl+O

显示"打开"窗口

按 Ctrl+O 键（O=Open）可以调出"打开"文件对话框，这里的 O 代表英文单词 Open。

参考：按 Ctrl+Shift+O 键可以一次性选中当前工作表上所有包含批注的单元格，然后就能进行批量删除、编辑等操作。

Ctrl+P

显示"打印"窗口

按 Ctrl+P 键（P=Print）会打开 Excel 的"打印"窗口（见下图），这里的 P 代表英文单词 Print。

Ctrl+R

向右填充或粘贴

Ctrl+R 键（R=Right）可以和 Ctrl+D（向下填充）键配合使用，用于将活动单元格中的内容填充某个单元格区域。

比如要制作一个九九乘法表（见下图），在 B2 单元格中编辑好公式后，用鼠标选中需要填充公式的矩形区域，按 Ctrl+R 键，然后再按 Ctrl+D 键，瞬间便可得到九九乘法表。

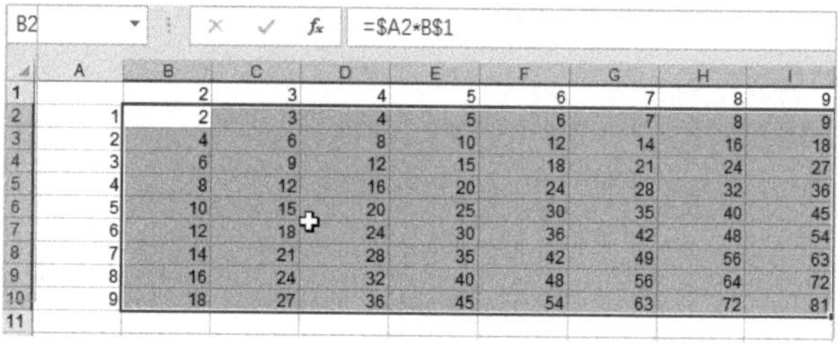

	A	B	C	D	E	F	G	H	I
1		2	3	4	5	6	7	8	9
2	1	2	3	4	5	6	7	8	9
3	2	4	6	8	10	12	14	16	18
4	3	6	9	12	15	18	21	24	27
5	4	8	12	16	20	24	28	32	36
6	5	10	15	20	25	30	35	40	45
7	6	12	18	24	30	36	42	48	54
8	7	14	21	28	35	42	49	56	63
9	8	16	24	32	40	48	56	64	72
10	9	18	27	36	45	54	63	72	81
11									

Ctrl+S

保存当前的工作簿

按 Ctrl+S 键（S=Save）可以随时保存当前的工作簿。如果文件已经保存，则把最新的修改保存到当前路径下；如果是新创建的文件，尚未保存过，则弹出“另存为”对话框。

它对用户来说是一个非常重要的快捷键，读者要养成经常使用 Ctrl+S 键保存文件的习惯，以免因为意外情况忘记保存文件而追悔莫及。

Ctrl+T

创建表

按 Ctrl+T 键（T=Table）能够把数据区域转换成列表。如果数据比较规范，也就是数据区域的每一列只存储同一类型的数据（文本或者数字），并且每一列都包含列标题，那么，把数据转换成列表会带来如下好处。

（1）相邻的数据行会以不同的颜色来标识，不容易看错行；

（2）基于列表制作的图表和数据透视表会随着列表数据的增加而自适应调整。

（3）可以在列表最下方增加汇总行，进行各种汇总计算。增加汇总行的操作：选中列表，依次单击"设计→表格样式选择→汇总行"命令。

另一个具有相同功能的 Excel 快捷键是 Ctrl+L。

Ctrl+U

设置 / 取消文字下画线（U=Underline）

按 Ctrl+U 可以设置 / 取消文字下画线（U=Underline）。相关快捷键有以下这几个。

Ctrl+2——设置 / 取消文字加粗（Ctrl+B 键也有同样的功能，B=Bold）；

Ctrl+3——设置 / 取消文字斜体（Ctrl+I 键也有同样的功能，I=Italic）；

Ctrl+4——设置 / 取消文字下画线；

Ctrl+5——设置 / 取消文字中画线。

Ctrl+Shift+U
扩大 / 缩小编辑栏

如果你写了一个很长、很复杂的公式，在编辑栏中不能完整地查看怎么办？按 Ctrl+Shift+U 键就能扩大 / 缩小编辑栏（见下图），让复杂的公式一览无遗。

当然，用鼠标拖曳编辑栏的下边缘也能完成这个任务。

Ctrl+V
粘贴剪贴板的内容到插入点位置

使用 Ctrl+V 键时，如果之前没有文本被选中，Excel 会把剪贴板中的内容粘贴到光标插入点；如果在使用 Ctrl+V 键之前已经选中某些文本，则会用 Excel 剪贴板中的内容替换选中的文本，此快捷键一般和 Ctrl+C 键配合使用。

Ctrl+Alt+V

选择性粘贴

Ctrl+Alt+V 键的功能是调出"选择性粘贴"对话框。我们知道 Ctrl+V 键的功能是"粘贴"，而 Ctrl+Alt+V 的功能是"选择性粘贴"，这很好记。

我曾经把 Ctrl+C 和 Ctrl+V 键比喻成一对情侣，Ctrl+Alt+V 键简直就是这对情侣之间的"小三"，它的功能是调出"选择性粘贴"对话框，如下图所示。这个对话框中包含着许多 Excel 中非常重要的功能，值得读者好好研究。

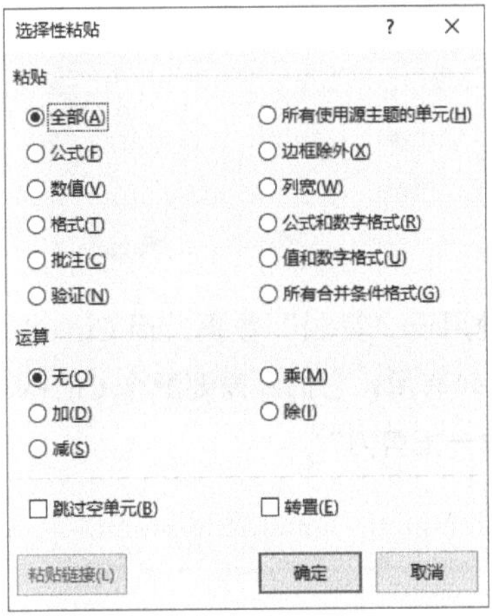

Ctrl+W

关闭选中的工作簿

Ctrl+W 键的功能是关闭选中的工作簿。按下 Ctrl+W 键后，Excel 会提示用户是否保存文件（见下图），可千万别点错按钮。

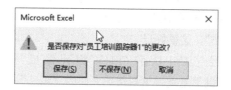

另外，重点提示一下，在工作簿文件中进行重大修改之前，最好按 Alt+F2 键"另存为"一个备份文件，而且在文件修改过程中要常用 Ctrl+S 键定期保存文件。

Ctrl+X

剪切选中的单元格或者单元格区域

Ctrl+C 键用于"复制"数据，而 Ctrl+X 键在"移动"数据的时候比较有用，它们都需要配合 Ctrl+V 键一起使用。字母 X 像不像一把剪刀？

Ctrl+Y

重复执行最后一个 Excel 命令或动作

　　Ctrl+Y 键和 F4 键的功能相同，都是重复执行最后一个 Excel 命令或动作。但是 F4 键还有另外一个功能，就是切换单元格地址的引用方式。字母 Y 像不像完成一件任务时的胜利手势？

Ctrl+Z

撤销命令

　　Ctrl+Z 键相当于快速访问工具栏上的"撤销"按钮。Ctrl+Z 键可以连续撤销多步操作。
　　字母 Z 看起来给人感觉很压抑，其实也难怪，本来做完的事情非得要取消，谁遇到都压抑！

第 10 章

Ctrl+ 符号键

快捷键	功能描述	相关	功能描述
Ctrl+Shift+（ 或 Ctrl+Shift+9	取消所选区域中所有隐藏的行	Ctrl+9	隐藏选中的行
Ctrl+Shift+） 或 Ctrl+Shift+0	取消所选区域中所有隐藏的列	Ctrl+0	隐藏选中的列
Ctrl+Shift+&	给选中区域加上外边框，和 Ctrl+Shift+7 键的功能一样	Ctrl+Shift+_	取消选中区域的所有边框
Ctrl+Shift+_	取消选中区域的所有边框	Ctrl+Shift+&	给选中区域加上外边框
Ctrl+Shift+~	应用常规数字格式		
Ctrl+Shift+$	应用货币格式（保留两位小数）	$ 代表货币格式	
Ctrl+Shift+%	应用百分比格式（无小数位）	% 代表百分比格式	
Ctrl+Shift+^	应用指数格式（带两位小数）	2 的 5 次方的公式是 =2^5	
Ctrl+Shift+#	应用日期格式	# 代表日期格式	

快捷键	功能描述	相关	功能描述
Ctrl+Shift+@	应用时间格式	@ 代表时间格式	
Ctrl+Shift+!	应用数字格式（带千分位符）		
Ctrl+–	显示"删除"对话框	Ctrl+Shift++	显示"插入"对话框
Ctrl+Shift+*	选中当前整个数据区域	Ctrl+A	选中活动单元格所在的当前区域（字母 A 代表英文 All）
Ctrl+Shift+;	快速输入当前时间	Ctrl+;	快速输入当前日期
Ctrl+;	快速输入当前日期	Ctrl+Shift+;	快速输入当前时间
Ctrl+`	交替显示公式本身或者公式的计算结果		
Ctrl+'	复制上方单元格中的内容到当前单元格	Ctrl+Shift+"	复制上方单元格中的值到当前单元格
Ctrl+Shift+"	复制上方单元格中的值到当前单元格	Ctrl+'	复制上方单元格中的内容到当前单元格
Ctrl+Shift++	显示"插入"对话框	Ctrl+–	显示"删除"对话框
Ctrl+[	选中当前单元格中公式所直接引用的单元格	Ctrl+]	选中直接引用了当前单元格的公式所在的单元格
Ctrl+]	选中直接引用了当前单元格的公式所在的单元格	Ctrl+[	选中当前单元格中公式所直接引用的单元格
Ctrl+Shift+{	选中当前单元格中的公式所直接和间接引用的所有单元格	Ctrl+Shift+}	选中引用了当前单元格的公式所在的所有单元格
Ctrl+Shift+}	选中引用了当前单元格的公式所在的所有单元格	Ctrl+Shift+{	选中当前单元格中的公式所直接和间接引用的所有单元格

快捷键	功能描述	相关	功能描述
Ctrl+\	选中行中不与该行内活动单元格的值相匹配的单元格	Ctrl+Shift+\	选中列中不与该列内活动单元格的值相匹配的单元格
Ctrl+Shift+\	选中列中不与该列内活动单元格的值相匹配的单元格	Ctrl+\	选中行中不与该行内活动单元格的值相匹配的单元格
Ctrl+Shift+>	将所选单元格区域最左边的单元格内容自动向右填充所选区域内的所有单元格	Ctrl+R	将所选单元格区域的最左边的单元格内容向右填充所选区域内的所有单元格（R=Right）
Ctrl+Shift+<	将所选单元格区域的最上面的单元格内容自动向下填充所选区域内的所有单元格	Ctrl+D	将所选单元格区域的最上面的单元格内容自动向下填充所选区域内的所有单元格（D=Down）
Ctrl+.	把活动单元格依次切换到Excel 工作表选中区域的四个角上		
Ctrl+/	选中活动单元格所在的当前数组区域		

Ctrl+Shift+(

取消隐藏选中区域中隐藏的行

Ctrl+Shift+（键的作用相当于选中一些行号（其中包括隐藏的行），单击鼠标右键，在弹出的快捷菜单中选择"取消隐藏"命令。但使用该快捷键比操作鼠标更灵活，因为在只选择一些单元格（不是整行）的情况下，使用该快捷键也能达到取消隐藏的效果。

需要注意的是，为了方便选取已经隐藏了的行，可由隐藏行的上一行开始选取隐藏的行，直到隐藏行的下一行，然后按 Ctrl+Shift+（键取消隐藏。

参考：与 Ctrl+Shift+（键对应的快捷键是 Ctrl+9 键，它用于隐藏选中的行，注意，左括号（和数字 9 在同一个按键上。

Ctrl+Shift +)

取消隐藏选中区域中隐藏的列

Ctrl+Shift +）键的作用相当于选中一些列号（其中包括隐藏的列），单击鼠标右键，在弹出的快捷菜单中选择"取消隐藏"命令。但使用该快捷键比操作鼠标更灵活，因为在只选择一些单元格（不是整列）的情况下，使用该快捷键也能达到取消隐藏的效果。

需要注意的是，为了方便选取已经隐藏了的列，可由隐藏列的前一列开始选取隐藏的列，直到隐藏列的下一列，然后再按 Ctrl+Shift+）键取消隐藏。

参考：与 Ctrl+Shift+）键对应的快捷键是 Ctrl+0 键，它用于隐藏选中的列。注意，右括号)和数字 0 在同一个按键上。

Ctrl+Shift +&

给选中区域加上外边框

Ctrl+Shift +& 键用于给选中区域的最外面加上边框（见下图）。

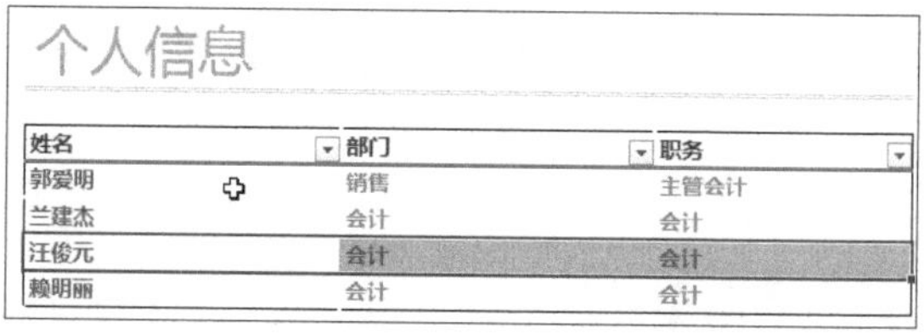
个人信息

姓名	部门	职务
郭爱明	销售	主管会计
兰建杰	会计	会计
汪俊元	会计	会计
赖明丽	会计	会计

参考：Ctrl+Shift+_ 键用于取消选中区域的所有边框。

Ctrl+Shift +_

取消选中区域的所有边框

Ctrl+Shift +_ 键用于取消选中区域的所有边框。在这个快捷键里，下画线“_”的样子很像表格的边框，不是吗?

Ctrl+Shift+~

应用常规数字格式

　　无论你对数字应用了什么格式，选中它们，然后按 Ctrl+ Shift+~ 键都能把它们统统打回原形，变成常规数字格式，日期和时间格式也不例外！这个快捷键可以让我们透过现象看本质。

　　如下图所示，培训日期的所在列将列中数据设置成了日期格式，选中该列的部分数据，按下 Ctrl+Shift+~ 键后，会发现日期的本质是数字！要记住：只有能用 Ctrl+Shift+~ 键变成数字的日期才是好日期，变不成数字的日期是不能正常参与日期函数计算的。

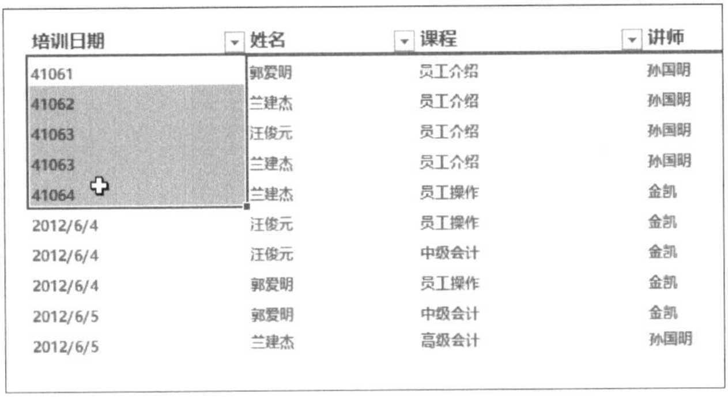

培训日期	姓名	课程	讲师
41061	郭爱明	员工介绍	孙国明
41062	兰建杰	员工介绍	孙国明
41063	汪俊元	员工介绍	孙国明
41063	兰建杰	员工介绍	孙国明
41064	兰建杰	员工操作	金凯
2012/6/4	汪俊元	员工操作	金凯
2012/6/4	汪俊元	中级会计	金凯
2012/6/4	郭爱明	员工操作	金凯
2012/6/5	郭爱明	中级会计	金凯
2012/6/5	兰建杰	高级会计	孙国明

Ctrl+Shift +$

应用货币格式

Ctrl+Shift +$ 键可以对单元格内容应用货币格式（并保留两位小数），$ 代表货币，不过具体应用哪国货币形式，则由计算机里的地区选项决定。

Ctrl+Shift +%

应用百分比格式

Ctrl+Shift +% 键可以把数字变成百分数（无小数位），这个快捷键很好记，% 符号当然代表百分数。

Ctrl+Shift +^

应用指数格式

Ctrl+Shift+^ 键用于应用指数格式（带两位小数），比如 10000 会变成 1.00E+04。

在 Excel 里，计算 2 的 5 次方的公式是"=2^5"，所以这个快捷键与指数相关。

Ctrl+Shift+#
应用日期格式

按 Ctrl+Shift+# 键可以应用日期格式。告诉你一个秘密：# 符号在 VBA 里和 Access 里是代表日期的。

Ctrl+Shift +@
应用时间格式

按 Ctrl+Shift+@ 键可以应用时间格式，@ 就是英文的 at，表示"在……时刻"。

Ctrl+Shift +!
应用数字格式

按 Ctrl+Shift+! 键可以应用数字格式，带千分位符。奇怪的是，应用带千分位符的数字格式时竟然用叹号，加一个千分位符有什么大惊小怪的。

Ctrl+−

显示"删除"对话框

按 Ctrl+−（这里的减号表示删除）键会调出"删除"对话框（见下图）。需要注意的是，"删除"对话框里有 4 个选项，给用户提供了很大的灵活性。

在 Excel 中使用该快捷键可以删除表格中的活动单元格所在的整行数据。

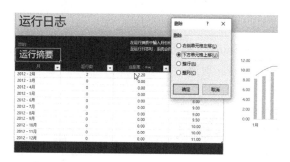

参考：使用 Ctrl+Shift++ 键会显示"插入"对话框。

Ctrl+Shift +*

选中当前整个数据区域

符号 * 在 Excel 中表示通配符，能匹配任意数量的字符，在这里表示选中"全部"字符。不过我还是更喜欢与其功能相近的 Ctrl+A 键。

Ctrl+Shift +;

快速输入当前时间

Ctrl+Shift+; 键用于自动记录时间。这个时间是一个静态的时间，不随工作表的重新计算而变化，很适合用来记录事件发生时间的日志操作；而用函数 NOW 得到的时间是动态时间，每次打开或重新计算 Excel 工作簿时都会发生变化。

Ctrl+Shift+;（分号）键实际上就是 Ctrl+:（冒号）键。在计算机键盘上，分号和冒号在同一个键上，冒号在分号的上面，必须要按 Shift 键才能输入冒号。

Ctrl+;

快速输入当前日期

如果想在单元格里同时记录事件发生的日期和时间，需先按下 Ctrl+; 键输入日期，再输入一个空格键，最后按 Ctrl+Shift+; 键输入时间。

用这种方法输入的日期和时间是一个静态的时间，不随工作表的重新计算而变化，适合记录某个事件的发生日期。而用函数 TODAY 得到的时间是动态时间，每次打开或重新计算 Excel 工作簿时都会发生变化。

Ctrl+`

显示公式本身 / 公式的计算结果

有了 Ctrl+` 这个快捷键，公式就无处藏身了！显示公式后的效果如下图所示。` 键在计算机大键盘数字键 1 的左边。

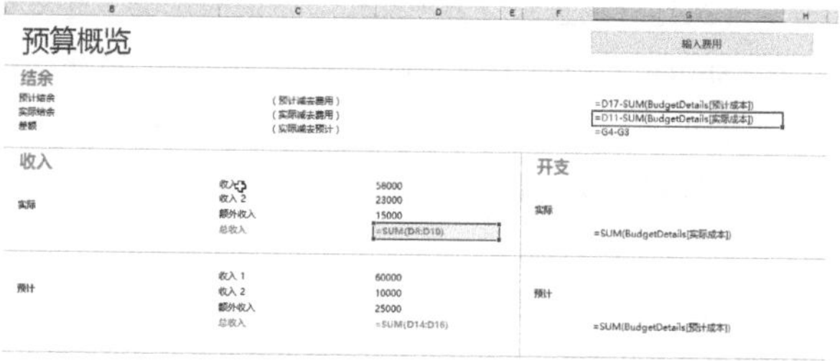

这个快捷键可以用于检查公式的一致性。试想在一个满是公式计算结果的 Excel 工作表里，如果部分公式被别人不小心粘贴成了数值，那要怎么找到这些异常单元格？必须求助这个快捷键！

Ctrl+'

复制上方单元格中的"内容"到当前单元格

Ctrl+' 键用于将上方单元格中的"内容"复制到当前单元格中，所谓"复制内容"是指把上方单元格中的内容"原封不动"地复制过来，是数值就复制数值，是公式就复制公式。

Ctrl+Shift+"

复制上方单元格中的"值"到当前单元格

Ctrl+ Shift+"键用于将上方单元格中的"值"复制到当前单元格中。所谓"复制值"是指，如果上方单元格中的内容是数值就复制数值，如果上方单元格中的内容是公式就复制"公式的计算结果（不再保留公式）"。

Ctrl+Shift ++

显示"插入"对话框

按 Ctrl+Shift ++ 键可以调出"插入"对话框(+ 表示增加，很符合逻辑)，如下图所示。请注意观察这个"插入"对话框中的四个选项，有时候，你苦苦寻找的 Excel 功能就在某个不起眼的角落里。

同理，在 Excel 中使用该快捷键会在表格中活动单元格所在行的上一行直接插入一行空行。

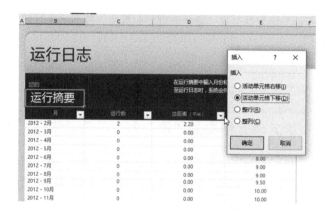

参考：Ctrl+−（减号）键用于打开"删除"对话框。

Ctrl+[

选中当前公式中所直接引用的单元格

如下图所示，选中 B5 单元格，如果想查看 B5 单元格中的公式所直接引用的单元格，可以按 Ctrl+[键，这时，B5 单元格公式中所直接引用的单元格就会被选中。

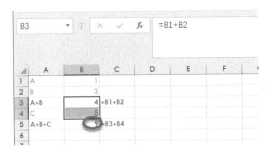

该快捷键对应的命令操作：在 Excel 界面中依次单击"公式→公式审核"命令。

参考：Ctrl+Shift+{ 键用于选中当前公式中直接引用和间接引用的所有单元格。

Ctrl+]

选中直接引用了当前单元格的公式所在的单元格

如下图所示，选中 B1 单元格，如果想查看直接引用了 B1 单元格的所有公式，可以按 Ctrl+] 键，这时，所有直接引用了 B1 单元格的公式所在的单元格都会被选中。在下图中，只有 B3 一个单元格直接引用了 B1 单元格。

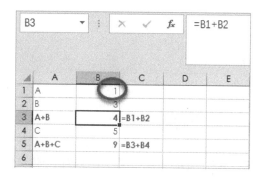

该快捷键对应的命令操作：在 Excel 界面中依次单击"公式→公式审核→追踪从属单元格"命令。

参考：Ctrl+Shit+} 键用于选中直接引用和间接引用了当前单元格的公式所在的所有单元格。

Ctrl+Shift+{

选中公式中直接引用和间接引用的所有单元格

如下图所示，选中 B5 单元格后按 Ctrl+Shift+{ 键，所有被当前单元格公式直接引用和间接引用的单元格都会被选中，其中，B3 和 B4 单元格是被 B5 单元格中的公式直接引用的单元格，B1 和 B2 单元格是被 B5 单元格中的公式间接引用的单元格。

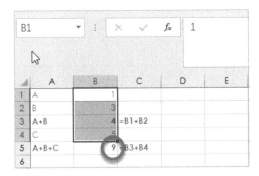

该快捷键对应的命令操作：在 Excel 界面中依次单击"公式→公式审核"命令。

Ctrl+Shift+}

选中引用了当前单元格中的公式所在的所有单元格

如下图所示，选中 B1 单元格，然后按 Ctrl+Shift+} 键，所有直接和间接引用了当前单元格的公式所在的单元格都会被选中。这在审核复杂的 Excel 公式时比较有用。

该快捷键对应的命令操作：在 Excel 界面单击"公式→公式审核"命令。

那么直接引用了 B1 单元格的 B3 单元格和间接引用了 B1 单元格的 B5 单元格会同时被选中。

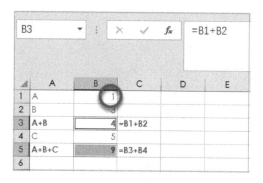

Ctrl+\

选中行中与该行内活动单元格中数值不同的单元格

想找到并选中同一行中与当前活动单元格中数值不同的所有单元格，可以使用 Ctrl+\ 键。在下图中，首先选中 A3 单元格，同时按下 Ctrl+A 键选中当前有数值的所有单元格，注意，这时当前活动单元格位于 A3 单元格。

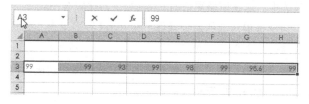

此时按下 Ctrl+\ 键会发现，所有与当前 A3 单元格中数

值不同的单元格都被找到并选中了（见下图）！

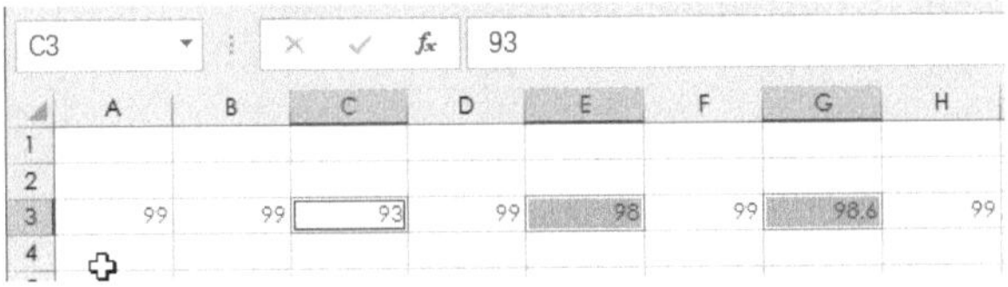

　　该快捷键对应的命令操作：在 Excel 菜单中依次单击"开始→编辑→查找和选择→定位条件→ 行内容差异单元格"命令。

Ctrl+Shift+\

选中列中与该列内活动单元格中数值不同的单元格

　　想找到并选中同一列中与当前活动单元格中数值不同的所有单元格？ Ctrl+Shift+\ 键可以帮助你。如下图所示，首先选中 B1 单元格，然后按 Ctrl+A 键选中当前有数值的所有单元格，注意，此时当前活动单元格位于 B1 单元格。

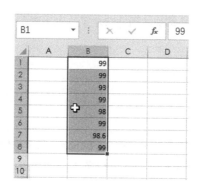

此时按下 Ctrl+Shift+\ 键，会发现所有与当前 B1 单元格中数值不同的单元格都被找到并选中了（见下图）！

该快捷键对应的命令操作：在 Excel 菜单中依次单击"开始→编辑→查找和选择→定位条件→ 列内容差异单元格"命令。

Ctrl+Shift+>

向右粘贴

　　将所选单元格区域的最左侧的单元格内容自动向右粘贴至所选区域内的所有单元格。Ctrl+Shift+> 键与 Ctrl+R 键的作用相同。

Ctrl+Shift+<

向下粘贴

　　将所选单元格区域的最上面的单元格内容自动向下粘贴至所选区域内的所有单元格。Ctrl+Shift+< 键与 Ctrl+D 键的作用相同。

Ctrl+.

把活动单元格依次切换到选中区域的四个角上

　　按 Ctrl+.（Ctrl+ 英文句号）键可以把活动单元格依次切换到 Excel 工作表中被选中区域的四个角上，如下图所示。当数据量相当大时（有成千上万行），应用这个功能可以快速浏览数据。

Ctrl+/

选中活动单元格所在的当前数组区域

用户有时会想修改或者删除某个数组公式，可是当选中数组公式计算结果区域中的某一个或者某几个单元格，按下 Delete 键时，Excel 会弹出提示对话框，提示"无法更改部分数组"（见下图）！

在 Excel 中，只有全部选中数组公式才能对其进行修改，那要如何知道数组公式覆盖的全部范围呢？只需选中数组公式范围内的任意一个单元格后按 Ctrl+/ 键，这样就可以在

公式栏中对数组公式进行修改了（见下图）。

第11章

其他快捷键

快捷键	功能描述
Esc	取消当前的操作
Tab	在 Excel 函数中输入括号
	移动到后一个单元格，在对话框中则移动到后一个选项
Shift+Tab	移动到前一个单元格，在对话框中则移动到前一个选项
Ctrl+Tab	在对话框中，移动到下一个页标签
Ctrl+Shift+Tab	在对话框中，移动到上一个页标签
空格键	在对话框中相当于"选择"按钮，也可用来勾选 / 清除复选框
Ctrl+ 空格键	选择活动单元格所在的整列
Shift+ 空格键	选择活动单元格所在的整行
Ctrl+Shift+ 空格键	选中整个工作表，如果工作表包含数据，并且活动单元格在数据之中，按下 Ctrl+Shift+ 空格键则选中当前区域
	当工作表中的某个图形、图像、图表已经处于选中状态时，按下 Ctrl+Shift+ 空格键则选中工作表上的所有图形、图像、图表
Alt+Enter	在单元格内换行
Ctrl+Enter	将当前单元格中编辑的内容填充到整个选中区域
Shift+Enter	完成当前单元格内容输入，将焦点移动到上一个单元格

快捷键	功能描述
方向键	沿着箭头方向移动一个单元格
Ctrl+ 方向键	按照箭头方向将活动单元格移动到数据区域的边缘
Shift+ 方向键	以一行或一列为单位扩展所选区域
Ctrl+Shift+ 方向键	按照箭头方向将所选区域扩展到数据区域的边缘
Alt+ ↓	展开下拉列表
Home	如果 Scroll Lock 键开启，移动活动单元格到窗口左上角
Ctrl+Home	移动到工作表的开始处（A1 单元格）
Ctrl+Shift+Home	扩展所选区域到工作表的开始处（A1 单元格）
End	如果 Scroll Lock 键开启，移动活动单元格到窗口右下角
Ctrl+End	移动活动单元格至工作表中使用过的区域的右下角
Ctrl+Shift+End	扩展所选区域到工作表中使用过的区域的右下角
PageUp	向上移动一个屏幕的内容
PageDown	向下移动一个屏幕的内容
Alt+PageUp	向左移动一个屏幕的内容
Alt+PageDown	向右移动一个屏幕的内容
Ctrl+PageUp	选中前一个工作表
Ctrl+PageDown	选中后一个工作表
Ctrl+Shift+PageUp	连续选中当前工作表和前一个工作表
Ctrl+Shift+PageDown	连续选中当前工作表和后一个工作表
Shift+Alt+ →	分组
Shift+Alt+ ←	解除分组

Esc

取消当前的操作

Esc 捷键的作用相当于 Excel 中的 Ctrl+Z 键或者"撤销"按钮，不过 Esc 键只能撤销当前的操作。

比如在实际操作中发现输入到 Excel 单元格或者编辑栏（公式栏）中的内容有错误，按一下 Esc 键可以立即清空当前单元格中的内容。

Tab

移动到后一个单元格

Tab 键在 Excel 工作表中的功能是移动到后一个单元格，在 Excel 对话框中的功能是移动到后一个选项。

参考：使用 Shift+Tab 键可在 Excel 工作表中移动到前一个单元格，在 Excel 对话框中用于移动到前一个选项。

Tab

在 Excel 函数中输入括号

Excel 函数都带有一对括号，括号的输入通常需要两只手：左手按着 Shift 键，右手按数字 9 或 0（数字 9 和 0 键的上方分别是左括号和右括号）才能完成。

Excel 快捷键为用户提供了方便，只要你确定了打算使用哪个函数后，按下 Tab 键，Excel 便会自动添加函数的左括号（见下图），在完成函数参数的输入后再按下 Tab 键，Excel 便会自动加上右括号，简直太贴心了！

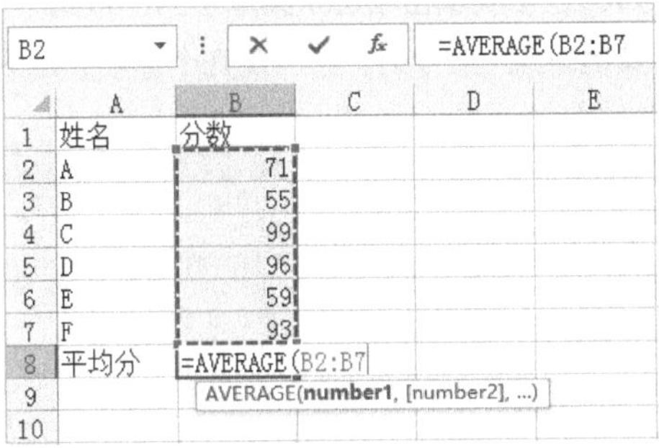

Shift+Tab

移动到前一个单元格

Shift+Tab 键在 Excel 工作表中的功能是移动到前一个单元格，在 Excel 对话框中的功能是移动到前一个选项。

参考：使用 Tab 键可在 Excel 工作表中移动到后一个单元格，在对话框中用于移动到后一个选项。

Ctrl+Tab

在对话框中移动到下一个页标签

　　Ctrl+Tab 键在 Excel 对话框中的功能是移动到下一个页标签。比如，在依次单击 Excel 菜单中的"数据→获取外部数据→自其他来源"命令时，会出现几个选项，如下图所示。

　　此时选择"来自 Microsoft Query"会调出出"选择数据源"对话框，在该对话框中有多个页标签。

　　按下 Ctrl+Tab 键，页标签将从"数据库"（见下图）切换到"查询"页标签。

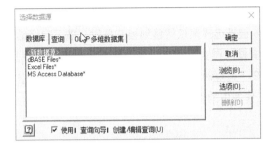

参考：移动到后一个工作表的快捷键是Ctrl+PageDown。

Ctrl+Shift+Tab
在对话框中移动到上一个页标签

参见上一个快捷键 Ctrl+Tab 的说明，在具有多个页标签的 Excel 对话框中，按下 Ctrl+Shift+Tab 键，会移动到上一个页标签。

参考：移动到前一个工作表的快捷键是 Ctrl+PageUp。

空格键
在对话框中，相当于"选择"按钮

在对话框中，按空格键相当于单击"选择"按钮，也可以用来勾选 / 清除复选框。比如，在 Excel 中的"数据验证"

对话框中（依次单击"数据→数据工具→数据验证"命令），
当用 Tab 键把选择焦点转移到检查框时，按下空格键可以勾
选该检查框，再次按下空格键会取消勾选（见下图）。当光
标焦点在下拉框时，按下空格键会展开下拉框。而空格键在
Excel 工作表中的作用则完全不同。

Ctrl+ 空格键
选择活动单元格所在的整列

按下 Ctrl+ 空键键可以选中活动单元格所在的整列。但
是，由于在中文环境下，Ctrl+ 空格键有时指定给了输入法

等其他软件，所以该快捷键可能会失效。

Shift+ 空格键

选择活动单元格所在的整行

按下 Shift+ 空格键可以选中活动单元格所在的整行。但是，由于在中文环境下，Shift+ 空格键有时指定给了输入法等其他软件，所以该快捷键可能会失效。

Ctrl+Shift+ 空格键

选择整个工作表或选择当前区域

Ctrl+Shift+ 空格键用于选中整个工作表或选择当前区域。另外，当工作表中的一个图形、图像、图表对象已经处于选中状态时，按下 Ctrl+Shift+ 空格键会选择工作表上的所有图形、图像、图表对象。该快捷键的作用大致相当于 Ctrl+A 键。

既然按 Ctrl+ 空格键会选择活动单元所在的整列，而按 Shift+ 空格键则会选择活动单元所在的整行，那么按 Ctrl+Shift+ 空格键会选择整个工作表或选择当前区域，这很符合逻辑，对不对？

Alt+Enter
在单元格内换行

当在一个单元格内输入比较多的文字时，经常需要在单元格内换行，按 Alt+Enter 键可以实现在单元格内换行。

有些文字显示在同一行可能会让人产生不必要的联想或者误解。在 Excel 中，Enter 键的作用是选择下一个单元格，而 Alt+Enter 键则能实现将单元格中的文字换行的目的。

下面这个不正确的换行示例虽然不太恰当，但却很能说明问题，要是在项目和负责人之间按一下 Alt+Enter 键，设置一下"单元格内换行"（见下图），不就能避免出现这个"囧境"了吗！

◢	A	B	C
1			
2			
3		南京市长江大桥欢迎您	南京市长江大桥欢迎您
4		武汉市长江大桥欢迎您	武汉市长江大桥欢迎您
5			

需要注意的是，有些时候即使用 Alt+Enter 键设置了文字在单元格内换行，也可能见不到效果。如果出现这种情况，需要做如下设置。

选中单元格区域，单击鼠标右键，在弹出的快捷菜单里选择"设置单元格格式"命令（或者直接按 Ctrl+1 键调出"设置单元格格式"对话框），在其中的"对齐"标签下勾选"自动换行"选项，见下图。

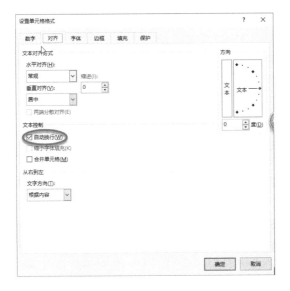

Ctrl+Enter

将活动单元格中的内容填充整个选中区域

按 Ctrl+Enter 键可以将当前单元格中的内容填充整个选中区域。该快捷键在填充大量公式的时候非常有用。

下面以制作九九乘法表为例，在 B2 单元格中设置好公式后，选中单元格区域 B2:J10，按 F2 键使选中区域中的活动单元格处于编辑状态，然后按 Ctrl+Enter 键，你会发现活动单元格中的公式瞬间填满了整个选中区域，并且遵循相对引用和绝对引用原则（见下图）。

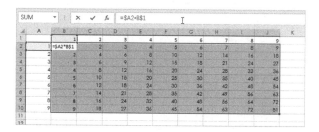

现在我们已经知道：Ctrl+R 键的功能是向右填充或粘贴（R=Right）；Ctrl+D 键的功能是向下粘贴 / 复制粘贴（D=Down），Ctrl+Enter 键更厉害，它的功能是使活动单元格中内容填充整个选中区域。

Shift+Enter
将光标移动到上一个单元格

Shift+Enter 键用于确认完成当前单元格中的内容输入，并将编辑焦点移动到上一个单元格。Enter 的作用是移动到下一个单元格，Shift+Enter 键是移动到上一个单元格，很符合逻辑，不是吗？

方向键

沿着箭头方向移动一个单元格

使用↑、↓、←、→键可以使活动单元格沿着相应的方向移动一个单元格，这是很简单的功能。

Ctrl+ 方向键

沿箭头方向将活动单元格移至数据区域的边缘

使用 Ctrl+ 方向键可以将活动单元格移动到箭头方向的数据边缘，该快捷键在浏览大块数据区域的时候非常有用。

很多 Excel 初学者对 Excel 工作表到底有多少行很感兴趣，他们试图一直按着↓键直至工作表的最后一行。这种方法在 Excel 2003 版本中还是可行的，因为 Excel 2003 只有六万多行；但对于 Excel 2007 或以后的版本，用这种方法找到最后一行则是一个艰难的任务（Excel 2007 有一百多万行！）。其实，使用这几个快捷键就可以瞬间到达工作表的边缘：只需连续按几下 Ctrl+ ↓键就可以快速到达 Excel 工作表的最后一行；连续按几下 Ctrl+ →键就可以快速到达 Excel 工作表的最后一列！

值得一提的是，Excel 的列默认是用字母表示的，到达最后一列后，可以在最后一列的任意一个单元格中输入 =Column()，获得最后一列的列号。好了，现在你知道 Excel

到底有多少行和多少列了吧！

Shift+ 方向键

以一行或一列为单位扩展所选区域

使用 Shift+ 箭头键可以以一行或一列为单位扩展所选区域，该快捷键在调整选中区域大小的时候很好用。

在 Excel 中，按 Ctrl 键的同时用鼠标单击单元格区域，可以选择分离的单元格区域，按着 Shift 键的同时用鼠标单击单元格区域，可以选择连续的单元格区域。

Ctrl+Shift+ 方向键

按照箭头方向将所选区域扩展到数据区域的边缘

按 Ctrl+Shift+ 箭头键可以按照箭头方向将所选区域扩展到数据区域的边缘，该快捷键可以快速地横向或者纵向选中大块数据区域。

你会发现，Shift 键在很多选择类的快捷键里代表"连续选择"的意思。

Alt+ ↓

展开下拉列表

在 Excel 工作表中输入数据时，有时需要不断输入前面重复过的内容，比如在下图中，在 B 列中输入了一些班级名称后，如果继续输入以前重复过的内容，可以按 Alt+ ↓键，此时，会在当前单元格中出现一个下拉列表，下拉列表中的内容是在该列上方已经出现过的内容，可以用点选的方式输入以前出现过的内容，如下图所示。

Home

当 Scroll Lock 键开启时，移动活动单元格到窗口左上角

如果 Scroll Lock 键已经开启，按 Home 键会把动活动单元格移动到窗口左上角；如果 Scroll Lock 键没有开启，按 Home 键会把活动单元格移动到当前行的最左边。

Scroll Lock 键的中文名称是"滚动锁定键"或者"锁

屏键"，按下此键后，在 Excel 里按↑、↓键时，会锁定光标而滚动页面；如果放开此键，在按↑、↓键时会滚动光标而不滚动页面。

Ctrl+Home

把活动单元格移动到工作表的开始处

使用 Ctrl+Home 键可以把活动单元格移动到工作表的开始处（A1 单元格）。

Ctrl+Shift+Home

扩展所选区域到工作表的开始处

使用 Ctrl+Shift+Home 键可以扩展所选区域到工作表的开始处（A1 单元格）。你会发现，Shift 键在很多选择类的快捷键里代表"连续选择"的意思。

End

当 Scroll Lock 键开启时，移动活动单元格到窗口的右下角

如果 Scroll Lock 键已经开启，使用 End 键可以移动活

动单元格到窗口右下角。

Ctrl+End

移动活动单元格至工作表中使用过的区域的右下角

使用 Ctrl+End 键可以移动活动单元格至工作表中使用过的区域的右下角。

Ctrl+Shift+End

扩展所选区域到工作表中使用过的区域的右下角

使用 Ctrl+Shift+End 键可以把所选区域从当前活动单元格扩展至工作表中使用过的区域的右下角。你会发现，Shift键在很多选择类的快捷键里代表"连续选择"的意思。

PageUp

向上移动一个屏幕的内容

使用 PageUp 快捷键可以向上移动一个屏幕的内容。

PageDown

向下移动一个屏幕的内容

使用 Page Down 键可以向下移动一个屏幕的内容。

Alt+PageUp

向左移动一个屏幕的内容

使用 Alt+PageUp 键可以向左移动一个屏幕的内容。

Alt+PageDown

向右移动一个屏幕的内容

使用 Alt+PageDown 键可以向右移动一个屏幕的内容。

Ctrl+PageUp

选中前一个工作表

使用 Ctrl+PageUp 键可以选中前一个工作表。
该快捷键在快速浏览各个工作表中的内容时非常有用。

Ctrl+PageDown

选中后一个工作表

使用 Ctrl+PageDown 键可以选中后一个工作表。

该快捷键在快速浏览各个工作表中的内容时非常有用。

Ctrl+Shift+PageUp

连续选中当前工作表和前一个工作表

使用 Ctrl+Shift+PageUp 键可以连续选择多个相邻的工作表。你会发现，Shift 键在很多选择类的快捷键里代表"连续选择"的意思。

Ctrl+Shift+PageDown

连续选中当前工作表和后一个工作表

Ctrl+Shift+PageDown 键用于连续选择多个相邻的工作表。

Shift+Alt+ →

分组

使用 Shift+Alt+ →键可以将数据分组。如下图所示，如果需要按照开支说明分别分组，可以使用这个快捷键。

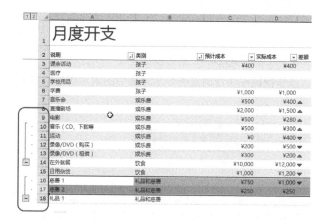

　　该快捷键对应的命令操作：在 Excel 界面中依次单击"数据→分级显示→创建组"命令。

Shift+Alt+ ←

解除分组

　　Shift+Alt+ ←键用于解除数据分组。如果工作表已经分组，按这个快捷键即可解除分组。

　　该快捷键对应的命令操作：在 Excel 界面中依次单击"数据→分级显示→取消组合"命令。

第12章

Windows 键（WIN 键）

WIN 键（见下图）通常位于键盘上的 Ctrl 键和 Alt 键之间，是 Windows 操作系统计算机的专用按键。

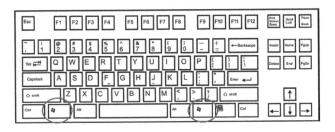

与 WIN 键相关的快捷键都是操作系统级别的快捷键，也就是说在任何计算机软件界面下，与 WIN 键相关的快捷键都会起作用。下面介绍几个常用的与 WIN 键相关的快捷键。

WIN+ 数字 1、2、3、4、5、6、7、8、9、0 键：分别打开任务栏上面的快捷启动栏上的第 1 个到第 10 个图标所对应的应用程序。在下图中，计算器程序位于任务栏上的第 3 个图标，所以，按 WIN+3 键便会激活或启动该程序。

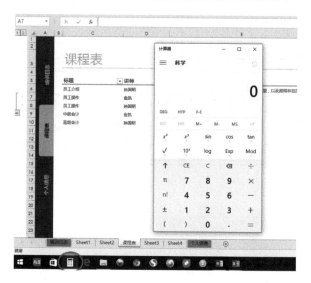

WIN+D
返回电脑桌面

这是快捷键高手最常用的快捷键之一。这个快捷键可以将桌面上的所有窗口瞬间最小化，无论是聊天程序窗口还是游戏程序窗口……只要再次按下这个快捷键，刚才的所有窗口都还原了，而且激活的正是最小化窗口之前正在使用的窗口！

WIN+F
显示"搜索"窗口

不用再去移动鼠标单击命令了，在任何状态下，只要一按 WIN+F 键就会弹出"搜索"窗口。

WIN+R
显示"运行"对话框

在很多介绍有关计算机操作的文章中，你经常会看到这样的操作提示：单击"开始→运行"命令，调出"运行"对话框……其实，还有一个更简单的办法，就是按 WIN + R 键！

WIN+L

计算机锁屏

WIN+L 键的功能是快速锁屏计算机。遥想在 Windows XP 时代，我每次都是用 Ctrl+Alt+Delete 键进入任务管理器界面，然后按 Enter 键锁屏的，看来我得改改这个习惯了。

WIN+E

显示"资源管理器"窗口

当你需要打开"资源管理器"窗口找文件的时候，这个 WIN+E 键会让你感觉非常"爽"！再也不用腾出一只手去摸鼠标了！

第13章

制作自己的快捷键

Excel 预置的功能总有不能满足我们需要的时候，Excel 快捷键也是一样。

在工作中，我经常接到这样的一些求助：Excel 中有没有让文本上下左右和居中对齐的快捷键啊？有没有合并单元格的快捷键呢？这真的一下子难倒了我。

幸运的是，Excel 为用户提供了充分的灵活性！我真的不知道 Excel 是否提供了关于文本对齐和单元格合并的快捷键，但是，我知道有方法可以帮助我们即使不用鼠标一层层地查找菜单也能解决类似的问题。

且听我一一道来！

鼠标右键快捷键

可能有些读者没有注意到，在键盘右侧的 Alt 和 Ctrl 键之间有一个画着一个箭头和菜单图标的键（见下图），这个键就是鼠标右键快捷键，按下这个按键会在 Excel 界面中出现鼠标快捷菜单，类似单击鼠标右键的效果。

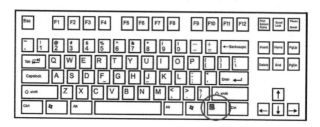

制作自己的 Excel 快捷键

很多时候，有的操作在 Excel 中没有相应的快捷键，这时我们可以找到替代的方法，甚至可以定义自己的快捷键！

F4：重复上一步操作

我们知道，F4 键的作用是切换单元格地址的引用方式，除此之外，F4 键还有一个作用，那就是重复最后一个 Excel 命令或动作（如果可行），在这个意义上，F4 键相当于一个临时的快捷键。

比如，如果需要在工作簿中插入多个空白的工作表，可以这样做：选中一个工作表标签，单击鼠标右键，在弹出的快捷菜单中选择"插入"命令。插入了第一个空白工作表后无须再重复以前的操作，只要连续按下 F4 键就可以插入多个空白工作表。

Alt+数字键

在 Excel 中，Alt+ 数字键可以激活快捷访问工具栏中的相应快捷按钮，如果我们经常用到某些功能，可以先把相应的快捷按钮放到快捷访问工具栏上，然后用相应的 Alt+ 数字键激活它，这样可以让工作"快上加快"！

如下图所示，按 Alt+1 键将激活快捷访问工具栏中的第一个按钮，即"保存"命令。

按下 ALT+2 键将激活快捷访问工具栏中的第二个按钮，即"撤销"命令。

以此类推，按下 ALT+4 键将激活快捷访问工具栏中的第 4 个按钮，即"新建"命令。

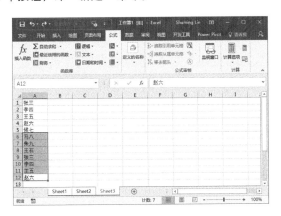

利用这个特性，用户可以制作自己的快捷键，即把自己所需的功能加到快捷访问工具栏中，然后用 Alt+ 数字键的方式调用它们。要想在快捷访问工具栏中增加按钮，可在"Excel 选项"对话框中的"快速访问工具栏"里进行设置，如下图所示。

利用宏自定义快捷键

Excel 有一项重要的功能，那就是它能够把在 Excel 界面上发生的动作像录像机一样录制下来，然后在需要同样操作的时候"播放"它。Excel 把这个神奇的功能叫作"宏

（Macro）"。

当用户按一下 F6 键然后按 Enter 键的时候，Excel 会弹出"录制宏"对话框，其中有一项给所录制的宏指定"快捷键"的设置（见下图）。利用这个设置。可以给建制宏的操作定义快捷键。

下面通过一个实例看一下如何在 Excel 中录制宏并为宏指定自定义的快捷键。

假设 Excel 报告中经常使用一种适合公司风格的专用字型：隶书，16 号字，蓝色，粗体。如果手动设置这些格式，至少需要单击四五次鼠标，下面通过录制一个宏来完成这些操作并把这些操作指定到一个快捷键上。

一般情况下，不需要录制"选择"单元格的动作，否则每当执行宏的时候，光标都会回到最初选择的那个单元格开始执行，这往往是我们所不需要的。首先选择一个需要设置格式的单元格区域，依次单击"开发工具→代码→录制宏"命令（或者直接按一下 F6 键，然后再按 Enter 键），打开"录制宏"对话框。

需要说明一下，如果在 Excel 界面中没有找到"开发工具"标签，需要做如下操作。

依次单击"Excel 文件→选项"命令，在弹出的"Excel 选项"对话框中选择左侧的"自定义功能区"选项，在对话框右侧的"自定义功能区"下拉框中选择"主选项卡"，在"主选项卡"下方的列表中勾选"开发工具"复选框，这样就可以把"开发工具"标签加载到 Excel 界面上。

建议在开始录制操作之前，提前演练一下整个动作过程，以免 Excel 录制过多的无用动作。

在弹出的"录制宏"对话框中的"宏名"中，给即将录制的宏取一个名称。这里使用 Excel 提供的默认名称。

在"快捷键"选项中，把即将录制的宏指定给快捷键 Ctrl+M，需要注意的是，由于很多与 Ctrl 键组合的字母已经被 Excel 内置的快捷键所占用（比如 Ctrl+F 已被指定为"查找"功能的快捷键），因此在指定快捷键时要尽量避免和 Excel 内置的快捷键发生冲突。

在"保存在"选项中需要告诉 Excel 即将录制的宏保存在哪里。

这里有三个选项，如下所示。

（1）个人宏工作簿

如果把录制的宏保存在"个人宏工作簿"中，那么该宏在所有本机上打开的 Excel 文件中都能使用，"个人宏工作簿"在正常情况下是隐藏的，会随着 Excel 的启动而开启。

（2）新工作簿

如果把录制的宏保存在"新工作簿"中，那么录制的宏会保存在一个新建的工作簿中，当前工作簿并不保存录制宏所自动生成的 VBA 代码。

（3）当前工作簿

如果选择把即将录制的宏保存在"当前工作簿"中，那么录制宏所自动生成的 VBA 代码将保存在当前工作簿文件中，可以随着当前文件分发给其他用户。

注意：如果选择了"当前工作簿"这个选项，保存当前文件时，必须保存为".xlsm"格式（表示该文件含有宏代码）。

在这里选择把宏保存在"个人宏工作簿"中，然后设置所选单元格格式为：隶书，16 号字，蓝色，粗体。全部动作完成后，依次单击"开发工具→代码→停止录制"命令结束录制过程（见下图）。此时，刚才录制的宏已经被保存到了所选择的"个人宏工作簿"中，并且指定了用快捷键 Ctrl+M 来调用它。

在 Excel 其他任意一个单元格中输入任意字符，选中这些字符，然后按 Ctrl+M 键，这时会发现，选中的单元格区域变成了我们期望的格式，如下图所示。

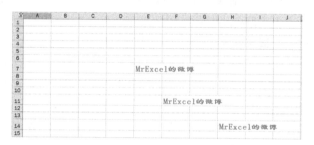

是不是很新奇？事实上，录制宏的过程实际上是 Excel 把我们的动作序列变成了一种叫作 VBA 的语言并存储到 Excel 中，在需要重复执行该动作序列时再次调用它。

要想查看录制的宏转变成的 VBA 语言是什么样子，可以按照如下方式操作。

依次单击"开发工具→代码→ Visual Basic"命令（或者直接按捷 Alt+F11 键），此时进入 VBA 编程环境。

因为我们把宏保存在了个人宏工作簿，因此在 VBA 编程环境界面的左侧单击 VBAProject（PERSONAL.XLSB）下方的"模块"文件夹，在展开的列表中单击"模块 1"，此时在右边的 VBA 代码编辑界面中显示的就是我们录制的宏所对应的 VBA 代码，如下图所示。

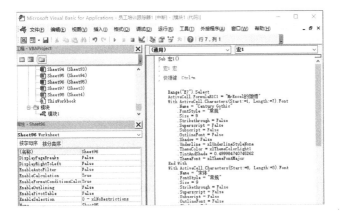

在录制宏的过程中，Excel 把我们在 Excel 界面上的一个个操作转化成了自己的专用语言，即 VBA 语言，当我们在 Excel 界面上按下为它指定的快捷键时，Excel 会按照这段语言的指示，重新完成该语言记录的任务。

关于 VBA 语言的详细介绍超出了本书的范围，有兴趣的读者可以参考笔者写的另一本 Excel VBA 入门书籍《学会 VBA，菜鸟也高飞！》。

Alt 键盘序列

如果你觉得 Excel 自定义快捷键的几种方法中：F4 键太单调，Alt+ 数字键太简陋，利用宏又太麻烦……那么就试一试 Alt 键吧！当你在 Excel 界面按下 Alt 键时，Excel 操作界面会出现对应的按键提示（见下图），可以按下对应的字母键调用相应的功能菜单。

还在抱怨 Excel 中没有调整单元格的列宽和行高的快捷键？可以使用 Alt 键盘序列：按下 Alt 键然后依次按下 H、O、I 键就可以自动调节单元格的列宽（当然，需要事先选中相应列）；按下 Alt 键然后依次按下 H、O、A 就可以自动调节单元格的行高（需要事先选中相应行）。

知道 Excel 中隐藏的 Alt 键盘序列这个"秘密武器"后，还有什么功能不能快捷的！

Excel 的 Alt 键盘序列和 Excel 快捷键有以下不同。

对于 Excel 的 Alt 键盘序列，在按下 Alt 键后，你可以从容地按照 Excel 界面提示，一个接着一个地顺序按下对应的字母按键，调出相应的 Excel 功能，而这些键不需要保持同时被按下的状态。

而 Excel 快捷键则需要相应的按键组合保持同时被按下的状态。

Excel 的 Alt 键盘序列给了用户一种脱离了鼠标的操作方式，当你经常使用某种 Excel 操作并记住了其相应的键盘序列后，就可以快速地连续按下键盘序列调出该功能。

比如依次按下 Alt、H、L、N 键会弹出 Excel 的"新建格式规则"对话框，如下图所示。

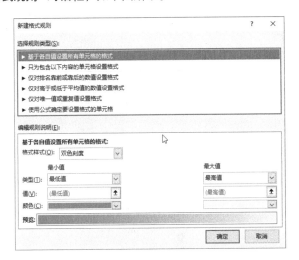

如果回放一下慢动作，可以看到整个过程是这样的：在 Excel 界面中按下 Alt 键后，每一个菜单上都出现了一个键盘操作提示字母，然后就可以按照字母提示进行相应的操作。

（1）为了调出 Excel 条件格式中的"新建格式规则"对

话框，在按下 Alt 键后，接着按 H 键，从下图可知，H 代表 Excel 的"开始"功能区。

（2）按下 H 键后，按 L 键激活"条件格式"菜单（见下图）。

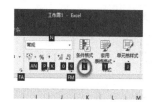

（3）在"条件格式"菜单（见下图）下按 N 键。

（4）至此即可调出"新建格式规则"对话框。

Excel 的 Alt 键盘序列操作模式虽然不像快捷键那样需要几个按键同时按下，但是比起用鼠标一层层翻阅 Excel 菜单来说，还是快了很多。况且，一旦记住了常用的 Excel 操作的 Alt 键盘序列，就不用再一步步地观察屏幕的变化，所有操作将一气呵成！

没有鼠标也疯狂

离开鼠标后，你还会操作计算机吗？我想大部分人可能一下子懵住了，没有鼠标操作计算机的感觉不亚于让我们一下子回到原始社会。

在本书里，我们围绕着 Excel 学习了各种各样的快捷键，但是似乎还是没有充分的自信能抛开鼠标，只用键盘操作 Excel。现在告诉读者一个好消息，拔掉鼠标，我们照样可以操作 Excel！

打开计算机，进入 Windows 10 界面，按照以下步骤进行操作。

（1）按下 WIN 键打开操作系统的"开始"菜单。

（2）在最下方的文本框处直接输入 excel（见下图）。

第
13
章

制作自己的快捷键

■■■ 159

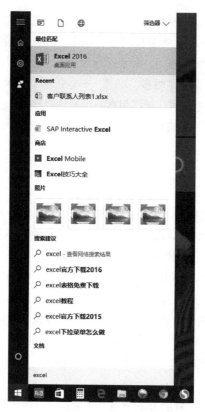

（3）利用键盘中的↑和↓键选中"Excel 2016"选项，然后按 Enter 键打开 Excel 程序。

（4）进入熟悉的 Excel 界面后，就可以凭借在这本书里学到的各种 Excel 快捷键的知识对 Excel 执行各种操作了。

什么，有很多的 Excel 功能没有相应的 Excel 快捷键？没关系，别忘了有万能的 F10 键，有了这个快捷键，任何时候都可以求助它，利用 Excel 菜单键盘提示（见下图）来完成没有对应快捷键或者一时忘记如何使用快捷键的各种操作。

现在就可以尝试一下拔掉鼠标、只用键盘操作 Excel 了（如果是笔记本电脑，要蒙住鼠标触摸板，如果是 Think Pad 笔记本电脑还需要克制自己不要接触那个"小红帽"）。

最后，我们应该知道，任何事情都不能走极端，有效地将鼠标和快捷键配合使用才是王道。

第14章

Excel 鼠标快捷操作

快捷键	功能描述
Ctrl+ 鼠标滚轮	放大或者缩小显示比例
双击单元格边框	跳至数据区域的边缘
双击十字光标	自动填充
Shift+ 四向光标	调整列的顺序
Ctrl/Shift+ 单击	点选或者连选
单击鼠标右键	弹出鼠标右键快捷菜单
双击数据透视表汇总区单元格	显示详细数据
双击格式刷	在多个位置处应用格式刷
双击 Excel 程序左上角	关闭工作簿文件
双击双向箭头	调整至最适宜的列宽

这一章将介绍一下 Excel 中与鼠标有关的快捷操作。这里的一些技巧你或许已经熟知，但可能还有更多你不知道的，熟练掌握这些技巧会让你的 Excel 操作水平更上一层楼。

Ctrl+ 鼠标滚轮

放大或者缩小显示比例

在按 Ctrl 键的同时滚动鼠标滚轮可以放大或缩小工作表的显示比例，相当于滑动 Excel 工作簿文件窗口的右下角的缩放滑块。

这个功能在查看大块数据范围时非常有用。此外，该功能还有一个特殊的用处，那就是：如果工作表里包含命名单元格区域，将工作表显示比例缩小到一定程度时能看到各个单元格区域的名称（见下图）。

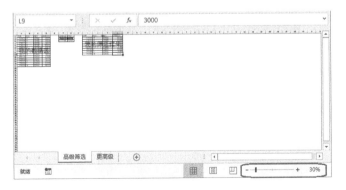

双击单元格边框

快速跳至数据区域的边缘

将光标悬停于大片数据区域中的任一单元格边缘，当光标变成四向箭头时双击鼠标，活动单元格就会快速跳至数据区域的边缘。至于跳至哪个方向上的数据边缘，由你单击的是单元格的哪个边框决定。这个功能能类似于Ctrl+方向键。

双击十字光标

自动填充

当需要自动填充时，可以把鼠标悬停在第一个已经填充好内容的单元格右下角，然后双击，那么其余的单元格就会被瞬间自动填充。

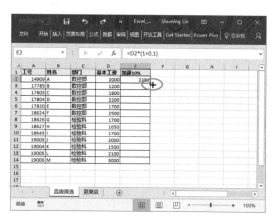

Shift+ 四向光标

调整列的顺序

选中数据中的一列，把光标悬停于列的边缘，当光标变成四向箭头时，在按 Shift 键的同时移动光标，该列便会随着光标移动。利用这个方法可以快速调整数据列的位置。在使用 VLOOKUP 函数时，可以用这个办法把索引列快速调整到第一列。

	A	B	C	D	E
1	工号	姓名	部门	基本工资	加薪10%
2	14909	A	数控部	2000	2200
3	17785	B	数控部	1200	
4	17803	C	数控部	1600	
5	17804	D	数控部	2200	
6	17820	E	数控部	1700	
7	18624	F	数控部	2500	
8	18626	G	检验科	1700	
9	18627	H	检验科	1650	
10	18643	I	检验科	1700	
11	19003	J	检验科	2000	
12	19004	K	检验科	1500	
13	19005	L	检验科	2100	
14	19006	M	检验科	3000	

Ctrl/Shift+ 单击

点选或者连选

在按着 Ctrl 或者 Shift 键的同时用鼠标单击工作表中的不同位置的单元格或者其他对象时，其效果是不同的。

按 Ctrl 键单击不同的单元格或者其他对象时，鼠标点哪个就选中哪个；而按 Shift 键单击不同的单元格或者其他对象时，则会选中鼠标单击的两个位置之间的所有内容（包括被鼠标单击的两个单元格）。

　　下图是按着 Ctrl 键选择不同列的情形。置于按着 Shift 键单击鼠标选择的效果，读者可以自己试验一下。

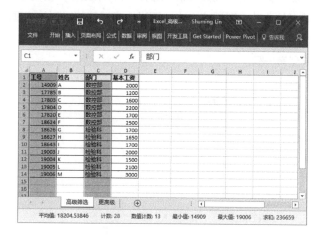

单击鼠标右键

弹出鼠标右键快捷菜单

　　这个大家应该很熟悉了吧！需要提示的是，当你需要使用某些 Excel 功能却不知道其菜单位置时，可以单击鼠标右键，在快捷菜单找找（见下图）。

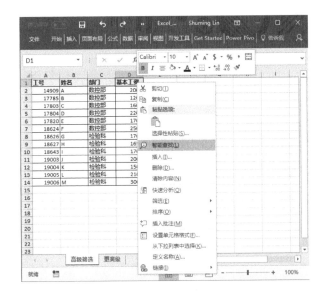

双击数据透视表汇总区单元格

显示详细数据

　　在数据透视表中的默认设置下，如果用鼠标双击汇总区任一单元格，Excel会自动生成一个新的工作表（见下图），其中的内容就是从当前数据透视表的数据源中提取并与双击单元格中汇总值相关的那部分数据。这个功能的专业名称是数据的"钻取"。

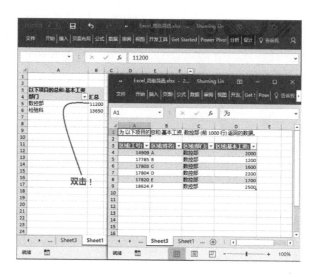

双击格式刷

在多个位置处应用格式刷

　　以前，在不同位置应用相同的格式时，你可能每应用一次格式就要重新做一次格式刷操作。其实只要在选中需要的格式后双击格式刷，格式刷便会一直保持按下的状态，这样就可以在不同位置应用相同的格式了（见下图）。

双击 Excel 程序左上角

关闭工作簿文件

　　双击 Excel 程序的左上角即可关闭工作簿文件，注意别忘了保存文件（见下图）！其作用相当于快捷键 F4。

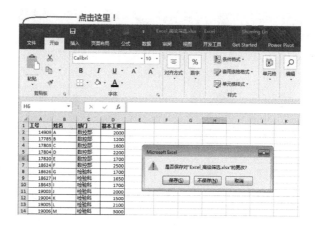

双击双向箭头

调整至最适宜的列宽

数据列过窄会影响数据的显示。比如下图中的 A 列，由于列宽过窄，数据显示成了 "###"。如果这样的列太多，手动一个个调整列宽太麻烦。这时可以选中所有列，然后把光标悬停于数据列边缘，等光标变成竖线加双向箭头形状时双击，所有列便会自动调整到最适宜的宽度。

A1	▼	:	×	✓	
◢	A	B	C	D	E
1	工号	姓名	部门	基本工资	
2	###	A	数控部	2000	
3	###	B	数控部	1200	
4	###	C	数控部	1600	
5	###	D	数控部	2200	
6	###	E	数控部	1700	
7	###	F	数控部	2500	
8	###	G	检验科	1700	
9	###	H	检验科	1650	
10	###	I	检验科	1700	
11	###	J	检验科	2000	
12	###	K	检验科	1500	
13	###	L	检验科	2100	
14	###	M	检验科	3000	
15					
16					
17					
18					

◀ ▶ ... 高级筛选 更高级

附录 A

Excel 快捷键按功能分类

A.1 在工作表内部移动

快捷键	功能描述
方向键	将选中的单元格向箭头方向移动一个单元格
PageDown/PageUp	将工作表内容向下 / 向上移动一屏
Alt+PageDown/PageUp	将工作表内容向右 / 向左移动一屏
Tab/Shift+Tab	向右或向左移动一个单元格
Ctrl+ 方向键	快速移动到数据末尾或者下一组数据的开始处
Home	将所选单元格跳到当前行的第一个单元格中
Ctrl+Home	快速移动到工作表的第一个单元格（A1 单元格）中
Ctrl+End	快速移动到数据区域的右下角
Ctrl+F	激活查找功能（F=Find）
Ctrl+H	激活替换功能（H 可以理解为汉语拼音的"换"）
Shift+F4	重复最后一次查找操作
F5	显示"定位"对话框

快捷键	功能描述
Ctrl+G	显示"定位"对话框
Ctrl+ → / ←	当单元格处于编辑状态时（按 F2 键可以进入单元格编辑状态），插入点将以单词或字段为单位向右或向左移动
Home/End	当单元格处于编辑状态时，将插入点移动到内容的开始 / 结尾处
Alt+ ↓	展开下拉列表
End	切换到 End 模式，在 End 模式下，按下方向键，活动单元格会移动到当前行或列的最后一个非空单元格

A.2 选择数据区域

A.2.1 选择单元格

快捷键	功能描述
Shift+ 空格键	选择当前行（该功能可能会被其他软件的快捷键覆盖）
Ctrl+ 空格键	选择当前列（该功能可能会被其他软件的快捷键覆盖）
Ctrl+Shift+*	选择当前数据区域（相当于 Ctrl+A）

快捷键	功能描述
Ctrl+A（或者 Ctrl+Shift+ 空格键）	选择当前数据区域
Ctrl+Shift+PageUp	选中当前和前一个工作表（连续选择）
Ctrl+Shift+O	选中所有带有单元格注释的单元格
Shift+ 方向键	以一行或一列为单位扩展所选区域
Ctrl+Shift+ 方向键	按照箭头方向将所选区域扩展到数据区域的边缘
Shift+PageUp/PageDown	以一个屏幕的高度为单位，向上 / 向下选取一组单元格
Alt+Shift+PageUp/PageDown	以一个屏幕的高度为单位，向左 / 向右选取一组单元格
Shift+Home	将选择区域扩展至当前所选行的开始处
Ctrl+Shift+Home	将选择区域扩展至当前工作表的开始处（A1 单元格）
Ctrl+Shift+End	将选择区域扩展至整个数据区域的右下角处

A.2.2 操作选中区域

快捷键	功能描述
F8	进入扩展式选定模式，此时不用按 Shift 键也可用方向键或鼠标选择连续的单元格
Shift+F8	进入添加模式，此时可以用鼠标或方向键添加不相邻的单元格或单元格区域到当前所选区域。

快捷键	功能描述
Esc	退出扩展选定模式 / 退出添加模式
Ctrl/Shift+ 单击	点选或者连选
Ctrl+.	将活动单元格顺时针依次移动到所选区域四个角上
Enter（+Shift）	向下（向上）移动一个单元格
Tab/Shift+Tab	向右 / 向左移动一个单元格

A.2.3 编辑单元格中的内容

注释：这些快捷键必须在单元格处于可编辑状态时才能使用。所谓单元格可编辑，是指能够对单元格里的内容进行修改，鼠标双击单元格或者按一下 F2 键即可进入这种状态。

快捷键	功能描述
Shift+ ← / →	以字母或汉字为单位，向左 / 向右扩展选择内容
Ctrl+Shift+ ← / →	以单词或字段为单位，向左 / 向右扩展选择内容
Shift+Home/End	将插入点从当前位置扩展至单元格中内容的开始或末尾处

A.3 插入、编辑数据

A.3.1 撤销、重复操作

快捷键	功能描述
Ctrl+Z	撤销最后一步操作
Ctrl+Y	重复最后一步操作

A.3.2 剪贴板操作

快捷键	功能描述
Ctrl+C	复制所选内容至剪贴板
Ctrl+X	剪切所选内容至剪贴板
Ctrl+V	粘贴剪贴板内容至所选位置
Ctrl+Alt+V	显示"选择性粘贴"对话框

A.3.3 编辑单元格中的内容

快捷键	功能描述
F2	切换单元格到编辑状态,光标将在内容末尾处
Alt+Enter	在单元格内换行
Esc	撤销单元格当前输入的内容
Backspace	向左删除内容
Delete	向右删除内容
Ctrl+J	消除单元格中的换行符

快捷键	功能描述
Ctrl+Delete	删除插入点后面的所有内容
Ctrl+;	插入当前日期
Ctrl+Shift+:	插入当前时间

A.3.4 填充、插入、删除操作

快捷键	功能描述
Ctrl+D	将所选区域最上方单元格中的内容填充所选区域中的所有单元格（D=Down）
Ctrl+R	将所选区域最左边单元格中的内容填充所选区域中的所有单元格（R=Right）
Ctrl+"	复制上一个单元格中的内容到当前单元格
Ctrl+'	复制上一个单元格中的值到当前单元格
Ctrl+T	显示"创建表"对话框
Ctrl+－（减号）	显示"删除"对话框
	当某一行或一列选中时，直接删除该行或该列
Ctrl+Shift++（加号）	显示"插入"对话框
	当某一行或一列被选中时，直接插入一行或一列
Shift+F2	插入/编辑单元格注释
Shift+F10，然后按 M 键	插入单元格注释（按 Shift+F10 键后会弹出鼠标右键快捷菜单）

快捷键	功能描述
Alt+F1	基于当前所选数据，插入 Excel 嵌入式图表（数据和图表共存）
F11	基于当前所选数据，插入 Excel 图表工作表（整个工作表就是一张图表）
Ctrl+K	插入 / 编辑超链接
Ctrl	按 Ctrl 键的同时单击含有超链接的单元格即可在不激活超链接的情况下选取单元格

A.3.5 隐藏 / 显示操作

快捷键	功能描述
Ctrl+9	隐藏所选的行
Ctrl+Shift+9	取消选中区域中的所有隐藏的行
Ctrl+0	隐藏所选的列
Ctrl+Shift+0	取消选中区域中的所有隐藏的列
Ctrl+`	交替显示单元格中的公式和数值
Alt+Shift+ →	对所选的行或列设置分组
Alt+Shift+ ←	对所选的行或列解除分组
Ctrl+6	隐藏 / 显示工作表上的图形、图片、图表等各种对象
Ctrl+8	显示 / 隐藏分组符号
Ctrl+Shift+L	进入自动筛选模式

A.3.6 调节列宽和行高（键盘序列）

快捷键	功能描述
Alt 然后按 H、O、I	自动调节列宽（需选中相应列）
Alt 然后按 H、O、W	显示"列宽"对话框
Alt 然后按 H、O、A	自动调节行高（需选中相应行）
Alt 然后按 H、O、H	显示"行高"对话框

A.4 设置数据格式

A.4.1 设置单元格格式

快捷键	功能描述
Ctrl+1	显示"设置单元格格式"对话框
Ctrl+2（或者 Ctrl+B）	设置 / 取消粗体（B=Bold）
Ctrl+3（或者 Ctrl+I）	设置 / 取消斜体（I=Italic）
Ctrl+4（或者 Ctrl+U）	设置 / 取消文字下画线（U=Underline）
Ctrl+5	设置 / 取消文字中画线
Alt+'	显示"样式"对话框

A.4.2 设置数字格式

快捷键	功能描述
Ctrl+Shift+$	应用货币格式
Ctrl+Shift+~	取消之前数字所应用的格式（恢复通用格式）
Ctrl+Shift+%	应用百分比格式
Ctrl+Shift+#	应用日期格式
Ctrl+Shift+@	应用时间格式
Ctrl+Shift+!	应用千分位符格式
Ctrl+Shift+^	应用指数格式（2 的 3 次方在 Excel 中的公式为 =2^3）
F4	重复最后一步的操作

A.4.3 添加单元格边框

快捷键	功能描述
Ctrl+Shift+&	为选中单元格区域增加外边框
Ctrl+Shift+_	移除所选区域的所有表格线
Ctrl+1	显示"设置单元格格式"对话框

A.4.4 单元格中的内容对齐

快捷键	功能描述
Alt 然后按 H、A、C	水平中间对齐（C=Center）
Alt 然后按 H、A、R	水平右对齐（R=Right）

快捷键	功能描述
Alt 然后按 H、A、L	水平左对齐（L=Left）
Alt 然后按 H、A、T	垂直上对齐（T=Top）
Alt 然后按 H、A、M	垂直中对齐（M=Middle）
Alt 然后按 H、A、B	垂直下对齐（B=Bottom）

A.5 公式和名称

A5.1 公式

快捷键	功能描述
=	开始输入公式
Alt+=	自动插入 SUM 函数
Shift+F3	显示"插入函数"对话框
Ctrl+A	输入函数名称后，显示"函数参数"对话框
Ctrl+Shift+A	输入函数名称后，在函数中显示参数名称提示语句
Ctrl+Shift+Enter	把公式按照数组公式输入
F4	切换单元格不同的引用形式，如 A1 → \$A\$1 → A\$1 → \$A1
F9	重新计算所有工作簿上的工作表
Shift+F9	重新计算当前工作表

快捷键	功能描述
Ctrl+Shift+U	展开 / 折叠编辑栏（公式栏）
Ctrl+`	交替显示公式和公式的计算结果

A.6 名称

快捷键	功能描述
Ctrl+F3	显示"名称管理器"对话框
Ctrl+Shift+F3	显示"以选定区域创建名称"对话框
F3	显示"粘贴名称"对话框

A.7 工作表操作

快捷键	功能描述
Shift+F11 或 Alt+Shift+F1	插入一个新的工作表
Ctrl+PageDown/Page Up	移动到后一个 / 前一个工作表
Ctrl+Shift+PageDown/PageUp	向后或者向前连续选择工作表
Alt 然后按 H、O、R	重命名当前工作表
Alt 然后按 H、O、M	移动当前工作表
Alt 然后按 H、D、S	删除当前工作表

A.8 管理工作簿

快捷键	功能描述
Ctrl+F4	关闭当前的工作簿文件
Ctrl+N	新建一个工作簿文件
Ctrl+Tab（+Shift）	向后（或向前）在不同的工作簿窗口间切换
Ctrl+O	显示"打开"窗口
Ctrl+S	保存文件
Alt+F4	关闭 Excel 程序

A.9 其他 Excel 快捷键

快捷键	功能描述
F12	显示"另存为"对话框
F10（或者 Alt）	打开 / 关闭 Excel 菜单提示字母
Ctrl+P	显示"打印"窗口（P=Print）
F1	显示"帮助"窗口
F7	显示"拼写检查"对话框
Shift+F7	显示"同义词库"窗口
Alt+ ←	返回超链接跳转之前的活动单元格

快捷键	功能描述
Alt+F5	刷新外部数据
Alt+F8	显示"宏"对话框
Alt+F10	显示"选择"窗口
Alt+F11	进入 VBA 开发环境

附录 B

Excel 快捷键记忆小窍门

B.1 字母缩写

【Ctrl+A】选中当前区域（A=All）

【Ctrl+B】设置 / 取消字体为粗体（B=Bold）

【Ctrl+C】复制（C=Copy）

【Ctrl+D】向下填充单元格区域（D=Down）

【Ctrl+D】复制图形、图片等 Excel 对象（D=Duplicate）

【Ctrl+F】激活查找功能（F=Find）

【Ctrl+G】显示"定位"对话框（G=Go to）

【Ctrl+H】激活替换功能（H 是"换"的汉语拼音的第一个字母）

【Ctrl+I】设置 / 取消字体为斜体（I=Italic）

【Ctrl+K】设置 / 修改超链接（K=Link）

【Ctrl+L】显示"创建表"对话框（L=List）

【Ctrl+N】创建一个空白工作簿文件（N=New）

【Ctrl+O】打开"文件"窗口（O=Open）

【Ctrl+P】打开"打印"窗口（P=Print）

【Ctrl+R】向右填充单元格区域（R=Right）

【Ctrl+S】保存文件（S=Save）

【Ctrl+U】设置 / 取消字体下画线（U=Underline）

【Ctrl+W】关闭 Excel 文件（W=Waive）

B.2 符号提示

【Ctrl+Shift+@】可以应用时间格式，@ 就是英文的 at，表示"在……时刻"

【Ctrl+Shift+#】可以应用日期格式，告诉你一个秘密：# 符号在 VBA 和 Access 里代表日期

【Ctrl+Shift +$】可以应用货币格式（保留两位小数），$ 代表货币，不过具体应用的货币形式由计算机里的地区选项决定

【Ctrl+Shift +%】可以把数字变成百分数，这个快捷键很好记，% 符号代表百分数

【Ctrl+Shift ++】使用 Ctrl+Shift ++ 键可以调出"插入"对话框（加号表示增加，这很符合逻辑）

【Ctrl+-】显示"删除"对话框

【Ctrl+Shift+^】用于指数格式（带两位小数），比如 1000 会变成 1.00E+04

【Ctrl+:】用于自动记录时间，小时数和分钟数之间一般用冒号隔开

B.3 成对出现

B3.1 复制 / 粘贴 / 选择性粘贴

【Ctrl+C】和【Ctrl+V】复制 / 粘贴

【Ctrl+C】和【Ctrl+Alt+V】复制 / 选择性粘贴

【Ctrl+Shift+Enter】和【Ctrl+/】设置数组公式 / 选择数组公式所涉及的单元格区域

B3.2 隐藏 / 显示

【Ctrl+6】隐藏 / 显示工作表上的图形、图片、图表等对象

【Ctrl+8】显示 / 隐藏工作表分组符号

【Ctrl+9（+Shift）】隐藏（显示）所选的行

【Ctrl+0（+Shift）】隐藏（显示）所选的列

B3.3 设置 / 取消

【Ctrl+Shift+L】设置 / 取消自动筛选

【Ctrl+B】设置 / 取消粗体（B=Bold）

【Ctrl+I】设置 / 取消斜体（I=Italic）

【Ctrl+U】设置 / 取消文字下画线（U=Underline）

【Ctrl+5】设置 / 取消文字中画线

【Alt+Shift+ 右方向键】对所选的行或列设置 / 取消分组

B.4 趣味联想

【Ctrl+H】调出"替换"对话框。虽然替换的英语是Replace，和字母 H 沾不上边，但是"换"的汉语拼音的首字母是 H，让人一下子就记住了

【Ctrl+Shift+~】应用常规数字格式。无论你对数字应用了什么格式，选中它们，然后按 Ctrl+Shift+~ 键都能把它们统统打回原形，变成常规数字格式，日期和时间格式也不例外！~符号很像震动波，无论什么数字格式，只要一震动，就会被震动回原形

【Ctrl+X】剪切选中的单元格或者单元格区域。字母 X就像一把剪刀

【Ctrl+Y】重复最后一个 Excel 命令或动作。Yeah，成功了，再做一次吧

【Ctrl+Z】相当于 Excel 的"取消"命令。Z 这么压抑的字母，当然代表取消了

附录 C

常用的 Excel 快捷键

【Ctrl+S】随时保存文件，是很重要的快捷键！

【Ctrl+C】/【Ctrl+X】/【Ctrl+V】这个应该没人怀疑吧？

【Ctrl+Alt+V】显示"选择性粘贴"对话框

【Ctrl+F】显示"查找"对话框

【Ctrl+A】选择全部数据区域

【Ctrl+箭头】跳到数据末尾

【Alt+Enter】在单元格内换行

【Ctrl+Shift+箭头】选择数据区域

【F4】切换单元格的引用形式，从 A1 → \$A\$1 → A\$1 →
\$A1

【Ctrl+1】设置单元格格式

【Ctrl+PageUp】/【Ctrl+PageDown】在不同的工作表之
间切换

【F5】显示"定位"对话框

【F9】重新计算工作表

【Ctrl+Z】撤销最后一步操作

【Ctrl+Enter】用活动单元格中的内容填充选中区域

【Ctrl+PageUp】/【Ctrl+PageDown】跳到上一个 / 下一
个工作表

附录口

VBA 开发环境快捷键

【Alt+F11】进入 VBA 开发环境

【F1】显示"帮助"窗口

【F2】显示"对象浏览器"

【Shift+F2】查看定义

【F3】查找下一个

【Shift+F3】查找上一个

【F4】显示"属性"窗口

【F5】运行子过程 / 用户窗体

【F7】显示"代码"窗口

【F8】逐语句执行代码

【F9】设置 / 取消断点

【Ctrl+Shift+F9】清除所有断点

【Ctrl+G】显示"立即窗口"

【Ctrl+R】显示"工程"窗口

【Shift+F8】逐过程执行代码

【Shift+F10】显示右键菜单

【Alt+F11】返回 Excel 界面

【Ctrl+F】查找

【Ctrl+H】替换

【Ctrl+↑】前一个过程

【Ctrl+↓】下一个过程

【Tab】缩进

【Shift+Tab】突出

【Ctrl+Break】中断